AQUARIUS

AQUARIUS

AQUARIUS

AQUARIUS

Catcher

一如《麥田捕手》的主角，
我們站在危險的崖邊，
抓住每一個跑向懸崖的孩子。
Catcher，是對孩子的一生守護。

新聞中的科學4
指考完全滿分

聯合報教育版‧策劃撰文

目錄

目錄

chapter 1

油箱放機翼 飛行更穩定

飛航

◎郭錦萍

747-油箱系統的設計簡介

通氣油箱
3號備用油箱
4號主油箱
3號主油箱
中央油箱

通氣油箱

水平尾翼配重油箱

2號主油箱　1號主油箱　2號備用油箱　通氣油箱

資料來源／路透社

2007年8月中華航空的客機在日本那霸機場發生漏油爆炸事件，調查人員後來發現，事故很可能是起因於右機翼的翼前縫條（slat）螺帽鬆脫、戳破機翼油箱。

飛機很多人都搭過，但你知道飛機的燃料，有五分之二是放在機翼嗎？

機翼尾翼機腹　都有油箱

航空公司維修工廠主管解釋，民航機的油箱依機型不同及業者的選擇，數量不一。例如發生火燒機的那架波音737-800型飛機，有六個油箱；華航和長榮在長程航線都會用的波音747-400型客機，前後加起來有八個油箱，包括機腹下的中油箱，機翼兩旁六個主油箱及備用油箱，機尾還有一個水平尾翼配重油箱。

同樣以747-400為例，中央油箱和機翼油箱的油量大約是1.5比1（兩邊機翼加起來）。

汽機車都只有一個油箱，飛機為什麼要裝那麼多個油箱？

成功大學航太工程研究所副教授袁曉峰說，飛機油箱配置邏輯，主要是載重平衡及安全考量。

翅膀油箱　載重平衡

他說，飛機與汽機車的平衡方式有很大不同，汽機車在行進間有輪子可以協助平衡，飛機則主要是靠機翼擺動做平衡，把燃油放在機翼，可以讓燃料在消耗過程中，飛機重心位置移動量較小，也可讓飛行平衡操作減到最小。

另外，由於燃油的重量與飛機升力方向相向，把油放在機翼，有助於減輕機翼結構的受力。

飛機的油料，通常是從機腹的中央油箱先用起，之後才會使用機翼的油；而為保持平衡，各油箱間有通路及阻門，現在的機上電腦都會主動幫機師計算用油順序。

先用機腹油　迫降較安全

袁曉峰說，從中央油箱的燃油先用，還有另一個考量，若飛機必須緊急迫降時，有時需使用機腹著地（如起降架無法放下），這時若中央油箱是空的，相對較安全。有時我們會聽到某些飛機在迫降前必須到外海去飛一圈，就是要把中央油箱的油用掉。

油箱位置也有商業上的考量。航空公司表示，民航機機體都是生財的工具，油料若能不占這些空間最好，所以油箱才會盡量放到機翼去。讓貨艙和客艙保留最大空間。

尾翼裝油箱　延展航程

至於尾翼又為什麼要裝油箱？航空工程師表示，尾翼的油箱主要還是為延展航程而設計，也就是多找一個地方，多裝點油就可以再飛遠一點、貨物可以載重一點。

一架飛機到底可以裝多少油？機體維修工程師說，以波音747-400為例，裝油量是57285加侖，約是216840公升（延程747-400貨機裝的油更多）；一般1600西西的汽車，每公升汽油平均

可跑12公里，21.68萬公升可以讓這車跑260萬公里，可以繞赤道65圈多。

飛機煤油 安全性高於汽油

2007年8月中華航空客機的火燒機事件，讓人看了膽戰心驚。不過相關學者說，飛機用油比起一般的汽油、柴油，安全性相對來得高一些。

成功大學航太工程研究所副教授袁曉峰表示，民航機用的燃油是以更黏稠的煤油為基礎，燃點及穩定性都較汽油高，一般稱為JET A-1。

袁曉峰解釋，油要燃燒須先霧化，若是油氣只要氣溫達38度就可能發生閃燃，但液態的航空燃油則要到250度以上才能燃燒，自燃溫度甚至要到400度以上。

所以飛機油箱設計，通常會考慮到如何減少油箱內油氣的產生，並讓燃料送到發動機蒸氣化。

【閱讀小祕書】

民航機燃料 JET A-1特性

閃點：38℃

自燃溫度：超過425℃

凝固點：-47℃

燃燒溫度：260-315℃

最高燃燒溫度：980℃

國際上還有另一種民用航空油JET B，這種油是為嚴寒地區天候製造，所以重量較低，處理時的危險性較大。

　　至於軍機使用的燃油另有一套「JP」系列的編號。部分類型與民用燃油幾乎相同，只是添加劑含量稍有不同。

　　像JET A-1與JP-8類同，JET B與JP-4相似。其他的軍用燃料都是為特定用途而製造，如JP-5最早是為航空母艦開發，用以減少船上火警的危險性。

　　JP-6專為XB-70戰神轟炸機而製，JP-7則是SR-71黑鳥式偵察機的特定燃油。這兩種油都有很高的閃點，可應付高超音速飛機經常會遇上的高熱與應力。還有一種美國空軍使用的JPTS，它是為洛克希德U-2偵察機開發的產品。

　　袁曉峰表示，我國空軍用油才由JP-8換成JP-4，這主要是因應飛機上燃油系統的變更，對性能的影響不大。他說，這就好比有的車可以同時用石油和酒精當燃料，這類車的燃油系統就和只能用石油的車輛設計不同，但差別可能是在氣化率、空氣配比等，熱含值的差別其實不多。

航空燃料 常用添加劑

1. 四乙基鉛（TEL）：可以提高燃油的閃點。
2. 鹼性酚等抗氧化劑：用來防止起膠。
3. 防靜電劑：消減靜電、防止發生火花。
4. 腐蝕抑制劑。
5. 燃料系統結冰抑制劑。
6. 殺菌劑。

1996美環航 靜電→燃油→爆炸

　　航空界最有名的飛機爆炸案，當屬1996年發生在紐約外海的美國環球航空（TWA）事件。也因為這件事讓全球航空界對飛機油箱安全有了全新的認識。

　　1996年7月17日這架環航客機從JFK機場起飛，原本準備飛往巴黎，但16分鐘後，飛機在13700呎高空爆炸，造成機上230人全部喪生。

　　在失事原因調查過程中，各種傳言滿天飛，最驚悚的是有目擊者說看到一條白色煙和爆炸飛機連成一線，意指飛機遭到飛彈攻擊，後來甚至傳出美國聯邦調查局、中情局都介入，因為飛彈可能就是美國海軍發射的。

　　其他傳言還包括，客機被恐怖分子放了炸彈、機件故障、隕石擊中、雷擊等。

　　後來正式調查報告公布，跌破一堆人的眼鏡。報告中指出，禍首是油箱旁經年磨損的裸露電線產生的靜電，點燃中油箱的油氣，接著引發爆炸，終致機身結構破損而崩解。

　　國內航空業者指出，在這個事件之後，全球業者都收到通知，要求增加中油箱的存油。

　　業者說，在實際飛行時，飛行員必須注意各個油箱的存量，所以油箱間都有幫浦控制油量；為確保電腦監控到的油量正確，以波音747-400為例，每次做C級檢查時（飛航達5000至7000小時），就必須把所有油箱內的幫浦拆下來仔細檢查。

　　維修工程師也表示，環航事故後，美國有研究指出，在油箱內灌注氮氣可以減少空油箱油氣的威脅，這想法很好但因裝置太貴，至今沒有人採用。

至於機上電線為什麼會磨損？成大航太所副教授袁曉峰表示，飛行過程中，整架飛機一直處在震動的狀態，飛機只要一上天，所有擠在一起的管線就會持續磨損，這個問題沒有萬能的解決方法，只能靠不厭其煩的安全檢查。

你Q我A

Q：飛機是怎樣加油的？
A： 飛機的加油方式有兩種，一種是翼下加油，一種是翼上加油。採用翼上加油的主要是小型飛機，大型飛機大多是從翼下加油。

Q：客機轉彎時，機上的燃油會不會都流到同一邊去？
A： 民航機的油料大多是放在機腹及兩翼，為了配重平衡，燃油不但會分成好幾個油箱放，每個油箱還設有隔欄，主要的考量，就是為了讓飛機在轉彎時，油料不會全往一邊跑。但油箱之間也設有多道閥門及多個幫浦，好讓油箱之間的油可以相互流動，或當一油箱漏油時，不會全機的油都流光光。

翻翻考古題
九十六年學測／自然

63.密閉容器內的氣體溫度升高而體積不變時，下列的敘述哪些是正

確的？（應選三項）

(A) 氣體壓力增大
(B) 氣體分子的方均根速率增大
(C) 氣體分子的平均動能增大
(D) 氣體分子的分子數增多
(E) 氣體分子的質量增多

12.當飛機以速率v作水平飛行時，若所受的空氣阻力可用f＝−bv（b>0，且為常數）表示，負號表示此阻力方向與飛機飛行方向相反，則下列敘述哪些正確？

(A) 當飛機以等速率水平飛行時，飛機的引擎所提供的水平推力與飛機所受阻力大小相等，方向相反
(B) 當飛機以等速率2v水平飛行時，引擎所需提供的水平推力大小為當飛機以等速率v水平飛行時的兩倍
(C) 飛機以等速率水平飛行時，飛機所受升力的大小等於飛機的重量
(D) 飛機水平飛行時，單位時間內阻力所作的功與飛機的速率無關
(E) 當飛機以等速率2v水平飛行時，引擎輸出的功率為飛機以等速率v水平飛行時的2倍

必學單字大閱兵

flash point 閃點　　　　　　fuel 燃料
center wing tank 中央油箱　　ignition 燃燒
aircraft 航空器

chapter 2

有海馬回 才有深刻記憶

阿茲海默症

◎詹建富‧郭錦萍

　　醫界估計，台灣約有近萬人不到六十歲就罹患早發性失智症，其中不乏社會菁英、企業主管，這些人到最後都「忘了我是誰」，但久遠年代的事，卻又清楚可數。

二戰洗腦　粗暴搞死人

　　記憶到底是什麼？為什麼有人可以記得上千組電話號碼？有人卻過目即忘？

　　第二次大戰期間，德國蓋世太保曾嘗試對某些人「洗腦」，但其實都只是粗暴的把人弄死，實驗有沒有成功，沒人說得清楚。近些年，因為腦部掃描技術的進步，人類記憶是如何形成，又是怎麼失去

的，才真的逐漸被了解。

神經元聯結　才有記憶

　　陽明大學腦科學研究所所長郭博昭指出，要了解記憶，就必須先認識神經細胞，人類大腦有數以兆計的神經細胞，它們透過綿密的神經網絡連結，嬰兒時期記憶如同一張白紙，但隨著各式外界訊息不斷輸入大腦，成千上萬的神經元細胞會被同步激發，影像、聲音、味道等刺激型態如果不斷重複，神經元彼此之間就會自行連結，記憶就這樣形成了。

　　不過，記憶是極為複雜且抽象的東西，而且與個人經驗、學習有關。

　　郭博昭舉例，當我們嘗到一種味道，也必須透過學習，才能讓感覺甜味的神經和認知「甜」這一回事的神經連結在一起，才能形成「感覺記憶」。而外界的訊息要由感覺記憶進入短期記憶，則必須經過型態辨識和選擇性注意，就像一個人可以在考前猛K書，努力記取課本的重點，也能拿到不錯的成績，但如果時間一久，就可能忘光了。

長期記憶　睡眠中加強

　　根據研究，人類要把短期記憶變成長期記憶，與記憶「固化」有關，也和腦中的「海馬回」有密切關係。

　　我們的腦子不會像錄音機或錄影機，能把過去發生的事情都一一拷貝下來，而是自動過濾我們所需要的訊息。能夠進入長期記憶的部

失智症患者腦部變化

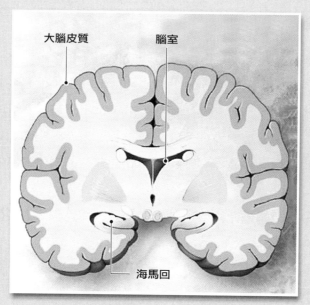

大腦皮質　　　　腦室

海馬回

▲ 正常人的大腦切片構造飽滿完整

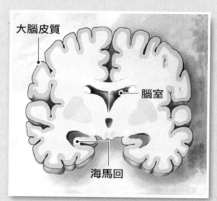

大腦皮質

腦室

海馬回

▲ 罹患阿茲海默症的初期病人，海馬回及大腦皮質已逐漸萎縮，且腦室擴大

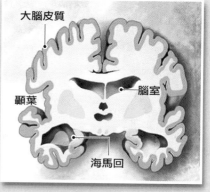

大腦皮質

腦室

顳葉

海馬回

▲ 末期病人的大腦切片，呈現海馬迴和顳葉極度萎縮，腦室呈空洞化

資料來源／美國阿茲海默症協會

分，則是當睡覺作夢時，大腦皮質與海馬回之間不斷重播最近的經驗，每一次排演就進入更深的神經結構中，形成最深刻的記憶。

同樣的，所謂的「洗腦」也就是不斷重複灌輸某種觀念與記憶，最後形成牢不可破的認知。

值得一提的是，記憶隨著時空的變化，有時會被強化，也有逐漸褪色的可能，甚至會因腦傷而造成失憶。

車禍失憶 不同病變失智

陽明大學腦科學研究所副教授楊定一舉例，像台中市長胡志強夫人邵曉鈴因車禍一度失憶，但親人不斷重複呼喚，竟然喚醒她的記憶，這顯示車禍所引起的失憶與病變引起的失智，成因不同，恢復的可能性也會截然不同。

大腦皮質萎縮 忘了自己是誰

台灣六十五歲以上人口罹患失智症的至少有十一萬人，其中半數與阿茲海默症有關，這類病人由於大腦皮質和海馬回均出現嚴重萎縮，明顯的症狀包括記憶力迅速退化、方向感喪失和行為異常，只可惜現今藥物都只能延緩病程，無法治癒。

陽明大學腦科學研究所副教授楊定一指出，大部分的阿茲海默症都是偶發性的個案，只有不到一成患者具有家族史，但如果有家族遺傳傾向，則會在五、六十歲，甚至在更年輕時發病，屬於早發性失智的一群。

目前已從阿茲海默症的病理學發現，患者腦神經細胞周圍都會出

現一種「類澱粉隱形蛋白」的堆積，另外還會形成一種tau蛋白發生磷酸化，形成神經纖維糾結，最後導致腦神經失去正常功能而逐漸退化。

陽明大學腦科學研究所助理教授鄭涵若則表示，由於阿茲海默症患者發生病變的位置大多集中於海馬回和大腦皮質，此處是掌管記憶、語言和空間感的中樞，因此當患者發病初期，主要症狀為記憶力減退，越近期的記憶越容易遺忘，另一方面則是平常熟悉的方向感也會喪失，隨著病程進展也會合併幻想、焦慮、急躁等精神症狀。

楊定一和鄭涵若都說，通常阿茲海默症患者的大腦皮質中，乙醯膽鹼的濃度都很低，因此目前治療的藥物是以活化或延長這種神經傳導物質的功能，延緩失智的速度，卻不能逆轉病情，患者最終仍是失能、死亡。

因此，醫學界目前正嘗試進行可抑制類澱粉沈積的藥物，中研院最近也發表以「顆粒球生長激素」誘導造血幹細胞修補阿茲海默症的受損腦神經，期盼能夠帶給病人一絲希望。

杏仁體　恐懼的發動機

科學家很早就知道位於大腦底部的「杏仁體」，是腦中判斷哪些事要害怕的「恐懼中樞」，但直至前兩年醫界才又發現，杏仁體對判斷人類面部表情的意義，扮演關鍵角色。

美國學者的研究發現，大腦正常的人通常會直接從對方的眼睛，判斷是否感覺害怕，但若杏仁體受損，就無法指揮視覺系統去搜集信息。

另外有學者發現，如何判斷對方是否受到驚嚇，增大的白眼珠

（即鞏膜）是關鍵，一點點眼白的增大，就能使旁觀者大腦中杏仁體出現反應，眼白越多越嚇人。

　　研究人員是給志願者看一系列表情圖片，同時監測他們的腦部活動。結果顯示，志願者的杏仁體僅對睜大的恐懼的眼睛有反應，對黑眼珠和瞳孔都沒有反應。而且，杏仁體的反應程度，與眼白部分的大小有一定正比關係。研究人員推測，眼白大小的變化，可能是杏仁體唯一可以接受和反應的「恐懼信號」。

Q：記憶究竟儲存在大腦哪些區域？

A：根據研究，人類的記憶系統分布在不同的大腦區域內，並靠各個區域彼此通力合作，而形成整體記憶，但每一區在記憶上所扮演的角色，醫界仍然還不是很清楚。

目前已知，腦內的海馬回掌管記憶和提取記憶，特別是個人的記憶和空間的記憶；至於程序性記憶（像如何騎腳踏車、綁鞋帶等「怎麼做」的記憶），則儲存在小腦和皮質下的殼核；關於恐怖的記憶則是儲存在杏仁體中。

Q：人腦會不會有記憶超載的情形？

A：人類大腦的神經迴路受先天基因和後天環境影響，有許多潛能，也有很大的可塑性，只要經由不斷的學習與閱讀，可以改變神經的分配，神經連接的數量也會增加。

目前已知，每個人平常使用的腦力尚不到大腦的十分之一，因此透過

大腦的開發，記憶容量是可以再擴充的，而人腦與電腦的差異處，就在於此，除非生病了，否則大腦是不會當機的。

Q：增強記憶力的課程有效嗎？有沒有增加記憶力的「聰明丸」？
A：市面上所謂「增強記憶術」，其實就是增加記憶的面向，幫你運用各種連結方式，甚至用感官的影像予以模擬、具像化，就像神經元形成連結的網路，這個網路越大、越廣，就越容易記住，所以所謂增強記憶的訓練，在理論上是可行的。

至於如何維護記憶力，目前僅知充分的睡眠和適度控制壓力是不二法門。市售抗氧化營養品和銀杏萃取物等，或許有保護腦部功能，但並無明確證據顯示能促進記憶。重要的是，擁有超人的記憶力並不等同於將來的成就。

翻翻考古題
九十五年指考／生物

閱讀二

阿茲海默氏症（Alzheimer's disease）又稱老年癡呆症，是一種由於蛋白質在大腦皮質沈積而造成腦細胞死亡的神經退化性疾病。患者多為65歲以上老人，會漸漸喪失記憶，並且出現語言和情緒障礙的症狀。

19世紀早期，科學家已經知道人類的大腦皮質有時會出現老化斑塊，並觀察出它是由神經纖維所組成。1853年，德國病理學家菲爾

克（Virchow）稱這些腦部沈積物為類澱粉沈積。1984年，格林納（Glenner）和翁（Wong）首先由阿茲海默氏症患者的腦膜血管中分離出類澱粉沈積。不久，馬士德（Masters）和貝倫索（Beyrenther）等人也由老化斑塊核心中心分離出類澱粉沈積，兩者的分子量及胺基酸組成相同。但亞伯拉罕（Abraham）和塞克（Selkoe）等人發現，僅成熟老化斑塊中的類澱粉沈積有經過化學修飾。1987年初，合成這種蛋白質的互補DNA（complementary DNA，簡稱cDNA）被分離出來，顯示含有42個胺基酸的β型類澱粉沈積蛋白只是完整前驅蛋白（含695個胺基酸）的一小段。當前驅蛋白在特定位置被蛋白酶切割後，會產生介於39至43個胺基酸的胜肽片段，長度越長的，越容易產生堆積。此β類澱粉沈積，在老年癡呆症發展過程中扮演著關鍵性的角色。

根據上文，回答下列問題：

40.阿茲海默氏症的發生是因為中樞神經的哪一部位受損？（單選）

（A）大腦

（B）小腦

（C）延腦

（D）中腦

41.阿茲海默氏症的症狀發展過程可能與下列哪些因素有關？（多選）

（A）大腦皮質的神經細胞受損

（B）心血管中類澱粉的沈積

（C）腦部β型類澱粉的蛋白質沈積

（D）大腦皮質圓形的老化斑塊之形成

（E）合成類澱粉蛋白質的互補DNA於大腦中的累積

42.關於腦部老化斑塊之β型類澱粉沈積的敘述，下列哪幾項正確？（多選）

（A）最早由病理學家菲爾克自患者的腦膜血管中分離出來

（B）為一種經過化學修飾的蛋白質

（C）全長有695個胺基酸

（D）被蛋白酶切割造成腦細胞受損

（E）與阿茲海默氏症的病程有關

必學單字大閱兵

neuron 神經元　　　　　　　　　neurotransmitter 神經傳導物質
cerebral cortex 大腦皮質　　　　dementia 失智症
electroencephalography 腦波圖　Alzheimer's disease 阿茲海默(氏)症

正確答案　40題：（A）　41題：（A、C、D）　42題：（B、E）

chapter 3

失控森林火 環境大殺手？

野火燎原

◎程嘉文

　　在2007年，希臘全境曾陷入嚴重的森林大火，估計五分之一的國土都遭到波及，也造成數十人死亡。希臘政府一方面向國際求救，另外由於這次到處都出現起火點，也懸賞緝拿可能的縱火者。森林大火向來被視為天災，但近幾年人為因素造成的案例越來越多、規模越來越大，讓過去有助林木新陳代謝的野火，變成了難纏的環境殺手。

人為火耕 不慎變野火

　　森林火災最常見的原因，是閃電擊中樹木引燃，也可能由於堆積枯葉等易燃物，在炎熱氣候下受到烈日曝曬，因高溫產生自燃，甚至有過火山爆發引燃林木的例子。

　　人為方面，除了蓄意縱火之外，包括人類不小心遺留下炊事、紮營、祭拜等活動的火種，甚至如部分地區民眾習慣採用「火耕」，在要開闢的土地放火，將原先的植物燒掉；或是部分根莖類的作物（如油棕、甘蔗等），農民在要收成的田地放火，將葉片燒掉只留下枝幹，既減少採收成本，燒掉的灰燼也成為肥料；但是火耕如果不慎失

控，就可能造成嚴重野火。

濃煙霾害 空氣拉警報

文化大學大氣系助理教授洪致文指出，森林大火對氣候影響，短期大多來自火災造成的濃煙，不但影響空氣品質，也會影響太陽光的入射量，減少對地表的加熱。例如印尼油棕園定期進行火耕，往往造成鄰近的新加坡、馬來西亞一帶陷入嚴重霾害，甚至要發布空氣品質警報。

至於長遠的影響，由於森林大火改變了地球表面的植被，不同的植被對太陽光的吸收程度不同，這就如同大量砍伐森林也會對氣候

造成影響的道理一樣。例如印尼在1997至1998年間因為火耕失控，造成嚴重的森林大火，火勢延燒數月之久，最後根據亞洲開發銀行估計，被毀的森林面積達到97000平方公里，等於2.7個台灣的面積！森林大火對雨林面積的傷害，比起人類的伐木速度更嚴重。

更新林相 祝融非壞事？

不過森林大火也未必只有負面的影響，許多環境學家指出，在人類文明出現前，地球上就曾出現山林火災，由於將原本的植被燒光，也才使得當地的生態能夠有重新開始的機會，所以森林大火並不能說是絕對的壞事。

有部分學者曾經認為：已經進入「生態成熟期」的森林，在吸收二氧化碳的能力上，反而比不過「成長期」時的森林，因此森林大火反而有助林相更新，減緩溫室效應帶來的地球暖化。

不過反對這種說法的學者認為，前述立論未考慮到火災本身就產生大量熱能與二氧化碳的問題。

也有崇尚「順其自然」理論的學者認為，既然山林火災是自然界不可避免的現象，其實不必干涉，讓火自然熄滅就好。問題是當人類的經濟活動進入森林地區之後，火災會不會影響到人類生命與財產的安全？而且順其自然是否完全不加控制？尺度如何拿捏，也一直多所爭議。

空中滅火隊 消防水上機 專丟水炸彈

森林大火大多發生在人跡罕至的山區，消防人員常要徒步才能

到達，所以為顧及時效，若能利用航空器從空中救火，是最理想的方式。不過因飛機能裝載的滅火物總量有限，真要滅火主要還是得靠人力。

消防用直升機的最大優點是可在某一定點上空盤旋、不需要跑道就可以降落在小面積空地，因此可以用來運送消防隊員與受災民眾、傷患等。但是直升機比起定翼機的速度慢、酬載量低、高空性能差，單純就「消防車」的觀點來看不如定翼機。

定翼機可以攜帶更大量的滅火劑，也可以更快速地在火場與基地之間來回。

專業的消防飛機必須經過改裝，在機腹貨艙中裝設水箱，可以在幾秒鐘內將大量的滅火劑噴出，「攻擊」下方的火點，道理跟投擲炸彈攻擊敵軍的轟炸機很像，因此英文裡就把它們叫做waterbomber，「水轟炸機」。

擔任「水轟炸機」的機種從小到大都有，例如國軍還在使用的S-2反潛機，在美、加等國有不少在民間擔任消防任務，甚至龐大的波音747貨機，也有被改裝成消防機的例子。

相比之下，大飛機的優點當然是一次可以灑下更多的滅火劑，但是小飛機的動作靈活，可以順著火場的地形起伏，精確地將「水炸彈」丟到最需要灌救的火點。

由於一般飛機必須返回機場才能重新加水，往返的動作就會耗掉許多時間，因此水上飛機就成為滅火的最佳選擇，因為它們可以直接在最接近火點附近的河流或湖泊上降落，直接吸水將「彈艙」裝滿，立刻再度起飛趕往目標區。

一些專業的消防水上飛機，吸水幫浦的效率甚至高到可以讓飛機不需真正在水上停下來，只需要讓機腹觸及水面後，滑行一陣子，立

刻就可以把水箱灌滿，加油門起飛。

山區抗祝融 用火攻+剷植被

　　多數的山林火災因發生地點偏僻，消防設施難以企及，而且往往不會第一時間發現，導致火災範圍較大。因此與一般火災不同的是，對付山林火災主要是以消極的「堅壁清野」方式，避免火勢進一步蔓延，而比較不會像針對一般房屋設施發生的火災，採取積極的「滅火」行動。

　　台灣山林火災防救的主管機關，不是各地方政府的消防局，而是農委會的林務局。林務局林政管理組組長賴聰明指出，所謂「火三角」是燃料、熱力、空氣，拿掉其中一項火就會熄滅。

　　一般火災使用灑水灌救的方式是屬於去除熱力，但是在山林消防方面，因為消防水管難以到達，因此只能使用移除燃料的方式來讓火熄滅。

　　對於偏遠的山區，消防水管根本不可能到達，如果山林火災規模較小時，往往採取人工「打火」的方式滅火，但是如果火勢太大，就只能闢建防火道，用來制止或減慢火勢蔓延，讓火勢燒到防火道就被迫停下來。

　　在林區中的林道通常就具有防火道的效果，一旦火災發生，救援人員可以利用這些林道為「防線」，將防線附近的易燃植被提前剷除，甚至有時候是「以火防火」：先把鄰近的植被燒光，到時候真正的大火燒過來，就因為「斷糧」而熄滅。

　　這一招能不能遏止火勢蔓延，要看防火道的寬窄，以及當時風勢的強勁程度。如果火勢太大、風勢太強、蔓延速度太快，防線還是會

被「突破」，而且火場本身產生的上升氣流也會將餘火帶到空中，落下來就可能造成蔓延，不但造成先前的防堵措施功虧一簣，甚至可能危及消防人員的安全。

一般來說，撲滅市區火災，因為人命財產損失更大，而且消防設施較完備，通常不會採取「堅壁清野」的消極作法，不過偶爾也有例外，例如因為天災（地震）或人禍（轟炸）造成整個市區一片火海，根本無法灌救時，消防人員也會被迫在市區裡闢建防火道，來避免災區擴大。

歷史上最昂貴的防火道是美國舊金山的Van Ness大道，在1906年的大地震之後，為制止失控的大火繼續蔓延，市政府只好將整條大道連同兩旁房子，都用炸藥炸掉。

投水袋 空軍搞砸過

台灣的 森林火災

年分	次數
91	▶ 157
92	▶ 59
93	▶ 93
94	▶ 32
95	▶ 28

總受災面積：**820公頃**

資料來源／林務局　　製表／程嘉文

台灣最早嘗試以飛機來滅火的是空軍，當時有人看到國外的消防飛機，認為空運部隊的C-119「空中車廂」運輸機應該也可以擔任滅火任務。軍方特別研發了一批塑膠水袋，每個可以灌水500磅，C-119一次可以帶二十個，由機腹的活門（類似轟炸機的彈艙門）直接投出。

結果這種「C-119消防機」還真的出過任務，第一次就是負責灌救台北市石牌山區的火警，但是因為機員

還沒受過相關任務的訓練，在太高的高度就「投彈」，結果一個投偏了的水袋還砸中北投區某旅館，造成人員受傷。

後來空軍又出過幾次任務，但後來覺得實用性不足，救火又不是軍方的本業，所以也就不再進行。

考情大補帖

高溫、乾燥、強風 火大！

燃燒的發生，需要可燃物、助燃物與溫度三個要件。對於滿布樹林或草原的山野地區，當然燃料不成問題，空氣中到處都有氧氣，助燃物當然也不是問題。

不過不管是自燃起火或人為放火，真要釀成嚴重的森林大火，都需要下述條件其中至少一樣：

高溫：如果是天寒地凍的時候，連點火都很困難，即使出現了星星之火，也很難擴散成燎原之勢，因此多半的山林火災都發生在夏天。在高溫之下，不管是自然或人為的火種，只要有燃料，就很容易擴散。

乾燥：乾燥跟高溫幾乎是相輔相成的。因此氣候乾燥的溫帶森林往往也比溼熱不堪的熱帶雨林還要容易起火，一旦失火要撲滅也較為困難。

以這次希臘來說，地中海地區目前正處高溫乾燥的夏季，自然為野火提供了溫床。

強風：造成火災擴散的最重要因素是強風。歷史上知名的嚴重山

林火災，幾乎都因為強風才會擴大到不可收拾。

以1988年的美國黃石公園大火而言，強風甚至將火星與餘燼吹過一英里寬的路易斯峽谷（Lewis Canyon），繼續延燒，讓消防人員欲哭無淚。

翻翻考古題
九十三年學測／自然

34.近年來國際上很重視生物多樣性的概念，認為要能維持物種歧異度才能確保地球上生物資源的永續性，因此許多生態政策的制訂與實行，都必須先考量是否會導致物種歧異度的下降。下列哪一項措施，會違反維持物種歧異的原則？

(A) 野狼會捕食草食動物，為保護草食動物這項自然資源，應將原野上的野狼消滅
(B) 草原生態系常發生由閃電所引起的火災，這是草原生態系的一種自然事件，故不宜撲滅
(C) 將「外來種寵物」放生，可能導致牠們與原生物種競爭生存資源，應當避免放生行為發生
(D) 雖然福壽螺在台灣已造成嚴重的災害，也仍不宜將福壽螺的鳥類天敵引進台灣

正確答案　34題：（A）

必學單字大閱兵

wildfire 山林火災（野火）

vegetation 植被

firebreak 防火道

haze 霾

waterbomber 水轟炸機

3

chapter 4

熱島＋空污 都市落雷多？

熱島效應

◎楊正敏

　　台北貓空纜車三天兩頭因落雷暫停營運，南北都會區也多次因午後雷陣雨造成淹水。巧的是，美國普林斯頓大學研究人員最近發表的研究說，當夏季的雷暴雨遇到了都市，會變得更猛烈：不僅雷擊更頻繁、而且降水更多。這個理論台灣也適用嗎？

　　美國學者認為，雷暴之所以被都市吸引的原因，主要有三個可能機制。

熱島效應 小雷暴變中雷

　　一為城市熱島效應（urban heat islands）：熱島效應可提供熱能，使小型雷暴成長為中型。二為城市高樓效應（urban canopy）：城市大樓的高度與分布會改變雷暴的低層風場，因為大樓的存在會增加風阻、帶來空氣垂直方向的流動，而增強降水。三為城市氣懸粒子（urban aerosols）：由工廠與汽機車排放的顆粒性化學物質會增加

降水機率。

　　但中央大學研發處處長劉振榮認為，台灣真正要憂心的是「熱島效應」。

遇山坡地　熱空氣往上升

　　中央大學研發處處長劉振榮說，原本熱空氣都是到山區因地形抬

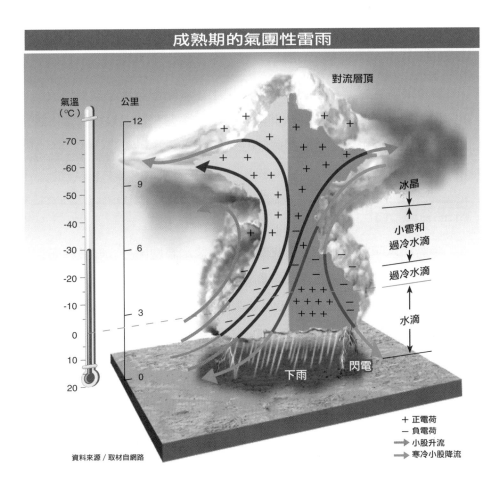

成熟期的氣團性雷雨

升往上形成對流，但城市熱島效應導致熱空氣還沒完全到山區，就在城市附近的小山坡逐漸上升，出現城市和山區交界地區落雷增加的趨勢。

日前打亂貓空纜車的頻繁落雷情形，就與熱島效應有關。

中央氣象局預報中心主任吳德榮說，從台電電力綜合研究所的數據看，台灣的雷是打在山區較多，熱島效應使城市容易招致雷擊的情形並不明顯。

山區對流多　森林要小心

吳德榮說，台灣最高的地方是中央山脈，熱空氣多是遇到中央山脈時被抬升，對流還是山區較為明顯，山區落雷次數也較為頻繁，因此森林要比城市更要注意落雷造成的損害。

貓空落雷　石門水庫4倍

台電綜合研究所副所長劉志放說，翡翠水庫地區在北部算是落雷比較頻繁的地區，因為水氣多，對流比較旺盛；但過去五年，貓空附近方圓10公里內，一共有3180次落雷紀錄，是翡翠水庫的1.3倍，更是石門水庫的4倍多。

因為輸配電和變電設施大多在山林野外，經常遭雷擊而使線路跳脫，台電為追究跳電究竟是雷擊還是系統或人為造成，因此台電綜合研究所成立高壓研究室，至今持續進行約二十年的落雷偵測系統研究，全台有七個偵測站。

城市電磁波 干擾雷偵測

劉志放說，落雷偵測點大多在偏遠的山區，因為城市裡面只要是車子發動，都會產生電磁波，產生雜訊。

偵測站是用電線偵測空氣中的電磁波，利用三角定位的方式，確定出落雷的位置。台電綜合研究所高壓研究室主任彭士開指出，台灣每年落雷的次數不一定，少則7、8萬次，多則上達20萬次，有75%的閃電強度在40千安培以下。

電影「回到未來」中，曾經利用閃電的強大電流，與放射性元素產生相當的巨大能量，把人送回未來，未來是否可能搜集閃電，成為另一個能源？

吳德榮說，閃電次次能量不同，加上不好預測，不確定性太高，目前要利用還有困難。

兩極電荷 衝破空氣 爆出閃電

中央大學研發處處長劉振榮說，積雨雲中的冰晶、水滴上下翻滾、摩擦就產生靜電。正電荷多集中在雲的上端，負電荷在下方吸引地上的正電荷，雲和地間因空氣絕緣，阻止兩極電荷尋找均衡電流通過，當兩極電荷的電壓大到衝破空氣，閃電就發生。

有些大雷雨中，靜電電壓可達幾百萬伏特，閃電擊中地球的次數平均每秒鐘約100次。閃電會發生在單一雲塊，或兩塊雲間，也有自上而下，或自下而上發生在雲塊與地面間。

多數閃電都連擊兩次，第一擊叫「前導閃擊」，由一股看不見的帶電空氣前導，向下到近地面處，這股帶電的空間像一條電線，為第

二擊電流建立導路。

在前導閃擊接近地面剎那，一道「迴擊」電流沿著導路跳上來，就是第二擊閃電，這時就會有看得到的閃電和聽得見的雷聲。

迴擊電流有一電力核心，周圍有一圈像管子的熾熱空氣套住，熱空氣會發光、膨脹和爆炸，變成雷。由於聲音速度比光速慢，所以爆炸發生時馬上可以看到閃電，雷聲會稍後才到。

強烈對流 熱力作用 激化雷雨

中央氣象局預報中心主任吳德榮說，落雷通常伴隨雷雨發生，要了解落雷，就要先了解雷雨這種劇烈的天氣現象。

雷雨是空氣極端不穩定狀況下產生的劇烈天氣，會挾帶強風、暴雨、閃電、雷擊，甚至會有冰雹或龍捲風，常造成災害。

雷雨可分為兩類，一類是鋒面雷雨；另一為氣團雷雨。吳德榮說，台灣地區發生雷雨的次數，每年從3月起開始增加，到7、8月達

【閱讀小祕書】

打雷時 勿游泳、划船、打高爾夫

中央氣象局預報中心主任吳德榮說，在城市裡被雷打到的機率較低，主要是因為高的建築物多，雷都先打到這些建築物了，不太會打到地面上的人，因此到空曠地區時，若碰到天氣變化就要特別小心。

避免遭雷擊有幾個基本原則：不要靠近孤立的高樓、鐵塔、電線桿、煙囪等，不要躺在空曠的高地上或大樹下。

到最高峰，春天到梅雨季時的雷雨多屬鋒面雷雨；7到9月間多為氣團性雷雨。

鋒面雷雨是暖溼空氣被鋒面抬升，引起強烈對流產生；雷雨常出現在鋒面附近，或鋒面前緣，白天、晚上都可能發生。

氣團雷雨又稱熱雷雨，也就是一般的午後雷陣雨，俗稱「西北雨」，主要是熱力作用引起。台灣地區夏天在熱帶海洋性氣團控制下，白天時日射使局部地區空氣發生對流性不穩定現象，常發生雷雨，多為局部性，嚴重程度不若鋒面雷雨。

雷雨的產生從積雨雲開始，分成發展期、成熟期、消散期。

第一階段形成上升氣流，把溫暖潮溼的空氣送到半空中，上升的空氣遇冷，水凝結變成雲。氣流繼續上升，雲就越積越高，直上更冷的高空，雲中的水珠變得更大更重，有的凍結成雪或雹，直到無法被上升氣流支持時，就開始落下。

這時會有隨雨而來或是比雨先到的下降氣流，所以在午後雷陣雨前，時常會有一陣涼爽的風，起風通常意味著雷雨要來了。

4

吳德榮提醒，尤其在空曠的高爾夫球場，揮起鐵桿準備打球，就是一個明顯的雷擊目標，因此雷雨時一定要遠離。

打雷時，不要在河中游泳或在湖上划船，因為水面上的人、船也是相當突出的物體，容易成為放電的目標。

此外，金屬和潮溼的物體最容易導電，所以打雷時不可接近電線、自來水管、銅器、鐵器等易導電的東西，也要避免穿汗水浸溼或雨水淋溼的衣服或靠近潮溼的牆壁。

4.一般而言，對流層中的大氣溫度隨著高度增加而下降。在對流層中，全球平均的降溫率大約是每公里下降攝氏6.5度，台灣嘉義測站（海拔約27公尺）七月份的長期平均氣溫是攝氏28.4度。試考慮地面熱源與大氣降溫率的因素，推論下列何者最可能是台灣玉山測站（海拔約3845公尺）七月份的長期平均氣溫？

(A) $-12°C$

(B) $-4°C$

(C) $8°C$

(D) $18°C$

(E) $28°C$

5.電影《明天過後》是一部知名的科幻片，片中有一段場景描述：「氣候變遷使中高緯度形成巨型風暴，當風暴中心上端來自對流層頂附近的低溫空氣塊快速下衝到地面時，會造成與其接觸的物體急速冰凍」。這種關於空氣塊的描述，與目前所知的科學原理相牴觸，造成上述牴觸的最主要原因為何？

(A) 對流層頂附近空氣塊的溫度一般而言高於攝氏零度

(B) 從對流層頂附近下沉的空氣塊，會凝結產生潛熱加熱空氣塊

(C) 從對流層頂附近下沉的空氣塊，會由於氣壓變大體積縮小而增溫

(D) 從對流層頂附近下沉的空氣塊，會接收太陽和地面的輻射使空氣塊溫度上升

4

必學單字大閱兵

thunderstorm 雷雨　　　　　static electricity 靜電
lightning 閃電　　　　　　　charge 電荷
cumulonimbus 積雨雲　　　　lightning rod 避雷針

正確答案　4題：（C）　5題：（C）

chapter 5

暖化融北極 海底領土各國爭

北極之爭

◎李志德

大自然的變化，也會牽動國際政治。

在2007年的8月間，有一支來自俄羅斯的探險隊在破冰船的護送下，利用深海探測潛艇，把一面鈦製的俄羅斯國旗插在北極海下面4300公尺深的海床上，他們以此宣稱俄羅斯掌握北極地區

俄羅斯搶先對北極宣示主權

日本

阿拉斯加（美國）

加拿大

羅蒙諾索夫洋脊

插旗任務旨在說明，這個海底山脈為俄國北部大陸棚的延伸

北極

俄羅斯

俄羅斯迷你潛艇旅程

格陵蘭（丹麥）

莫曼斯克

莫斯科

歐盟

迷你潛艇可能的航線

北極海的冰開始融化，可供航行的路線隨之出現，當地蘊藏的石油和天然氣變得可以接近並更具開採價值，利之所趨，各國遂爭相對當地海床提出主權宣示。

（法新社）

主權。

這項舉動，立刻引起北極周圍國家的強烈反應。

海洋爭霸戰 歷史第三波

「這是歷史上第三波海洋爭霸戰。」海洋大學海洋事務與資源管理研究所所長邱文彥這樣形容這場「北極之爭」。他說，以往北極的問題不太被注意到，因為它處在長期冰封狀態，很多地方雖然是周邊國家領土，但可能連土地和冰層的界線都不清楚，難以訂出領海基線。

冰層融化 開採難度低

邱文彥分析，北極之所以在這時受到重視，是因為根據美國的調查，北極海底的原油及天然氣的蘊藏量約為全世界蘊藏量的四分之一，並且有相當數量的金、鉑等貴金屬礦藏，而最近全球暖化導致北極海冰層融化，使資源開採的難度相對降低。

北極地區開採原油的歷史，可以上溯到1968年，鑽探證實此地有巨型油田。估計僅阿拉斯加一地的石油儲量可能達到380億桶，天然氣40萬億立方公尺。加拿大北極區的油、氣儲量估計和阿拉斯加相當，俄國更超過兩地。

油煤鐵銅金 世界上最多

除油氣資源外，北極地區還發現了世界上最大的煤礦以及鐵礦、

銅礦、鉛礦、鋅礦、石綿礦、鎢礦、金礦、金剛石礦、磷礦和其他貴金屬礦。

在俄羅斯大動作「插旗北極」後，周邊的加拿大、丹麥和挪威，都加緊科學考察的腳步，考察的重點之一，就是北極海海底近兩千公里的「羅蒙諾索夫海脊」，究竟是不是本身領土大陸礁層的自然延伸。

礁層自然延伸 可擴張

邱文彥說，依「聯合國海洋法公約」，國家享有12海里領海，200海里經濟區，但如果大陸礁層有自然延伸，則可以擴張至350海里。

因此羅蒙諾索夫海脊究竟從哪裡延伸，牽涉鉅大利益。

邱文彥說，另一個讓各國爭相在此時探勘北極的原因，是聯合國相關組織規定，世界各國如果要主張大陸礁層自然延伸，必須在2009年5月之前提出主張。

事實上不只北極海，近來中國、日本海測船頻頻出現在西太平洋和南海，也都是為趕在時限截止前，提出主張。

愛國的俄羅斯媒體在插旗事件後報導，考察後「『果然證明』羅蒙諾索夫海脊與俄羅斯大陸礁層地質上連成一體」，因此「北極海海底屬於俄羅斯」。

各國搶領土 談判才開始

面對這個想當然耳的結果，邱文彥表示，北極不像南極有國際

公約保護，各國主張領土的用意，是為了拉高價碼，做好和鄰國討價還價的準備。但國際公約談判耗時很長，「聯合國海洋公約，就從1972年談到1994年才生效。」以北極自然環境的複雜、利益龐大，這場談判顯見也不是一時三刻可以結束，看來這場北極之爭，現在只是開頭。

俄羅斯搶插旗 推、撞、壓 破冰船擠進北極

破冰船是極地探測、管理不可缺少的利器，俄羅斯這次「北極海插旗行動」，就是利用世界最大的「北極級」核能動力破冰船「俄羅斯號」，護送小潛艇所完成。而俄羅斯新一代破冰船「勝利五十年號」，更有助於進一步強化對北極地區的掌控。

破冰船是利用船身的「推」、「擠」、「撞」、「壓」等力量，破壞海面的冰層，讓船順利前進。它有半圓形的甲板，保護破冰船不被冰原壓扁，海洋破冰船鈑材的厚度超過10公分，是主力戰車裝甲厚度的兩倍以上，北極級破冰船在2.8公尺厚堅冰中行駛的時速是兩到三節。

如果碰上薄冰層，破冰船用本身推撞的力量就能開道。若攔路的冰層較厚，破冰船有兩種對付方法：

一是把自己船頭的一部分「爬」到冰層上，出水的船少了浮力，就變得更沈重，自然更能壓碎冰層。

除了船身的重量外，破冰船的前方還有一些隔艙，必要時可注水到隔艙裡，增加船身重量。

另一種方法是將船倒退，然後加足馬力向冰塊猛撞上去，這時船似乎變成了一個速度不大，但是質量極大的撞錘。

破冰船俄羅斯號

長：148公尺
寬：30公尺
滿載排水量：25000噸
速度：18節／小時
最大破冰厚度：2.8公尺
動力：兩具原子爐
作業人員：138人

俄羅斯破冰船攜帶小潛艇，在北極海底插俄羅斯國旗，引爆了北極主權之爭。

資料來源／俄羅斯新聞網

俄羅斯新一代的核能破冰船名為「勝利五十年號」，是「北極」二系的現代化改進型，船長159公尺，寬30公尺，滿載排水量2.5萬噸，共18節，最大破冰厚度是2.8公尺，破冰船上裝備有兩個核動力裝置。

冷戰期間 導彈的火藥庫

上個世紀美、蘇對峙的冷戰期間，北極圈也成為美、蘇部署戰略武器的重鎮。如今北極主權之爭再起，北極重新成了兵家強權必爭的軍事重地。

美、蘇當年部署最多的是洲際飛彈，但是那時的飛彈射程比較短，發射基地必須盡可能靠近對方的領土。

而且北極正是兩強直線距離最短的地區，因此美、蘇兩大國都在

2040年夏天北極不結冰

全球暖化：北極的海冰每十年縮小8.5%

A 1979年最小海冰面積

B 2005年最小海冰面積

俄羅斯

北極

格陵蘭

美、俄、加拿大爭奪未來不結冰航道主權

一旦冰消失，北極熊滅絕在即

C 2040年（預測）

阿拉斯加（美國）

加拿大

（法新社）

北極海沿岸部署了大量陸基洲際彈道導彈發射場，讓北極地區成了全球洲際導彈布設密度最大的區域。

隨著冷戰接近尾聲，北極地區暫時得到一段寧靜時光。但這次俄羅斯在北極海海底插旗，等於是在這個昔日的大炸彈上重新點一把火；各國要爭奪北極領土，不能不以軍力作後盾，例如加拿大就緊跟著宣布，要在北極建造陸軍訓練中心、深水港。

Q：北極區的範圍？

A：北極區是指以北極點為中心，在北極圈　（北緯66＇33＂）以內的地區，包括北冰洋、邊緣陸地及島嶼、北極苔原帶和森林帶，總面積為2100萬平方公里，其中陸地近800萬平方公里。

Q：北極有哪些動、植物？

A：北極約有900種開花植物，上百萬隻北美馴鹿，數萬頭麝牛，上千隻北極兔，數量龐大的旅鼠和數萬頭北極熊。北冰洋的水域則有海豹、海象、角鯨和白鯨。

北半球的鳥類有六分之一在北極繁育後代，至少有12種在北極過冬。極地上還有在此生活上萬年的愛斯基摩人、楚科奇人、雅庫特人等。

Q：國際法對極地開發有無規範？

A：「南極條約」在1961年生效，它的主要內容是：促進國際合作，保證科學研究自由，禁止在南極地區進行一切具有軍事性質的活動及核爆炸和處理放射物，南極洲使用僅限和平目的，各國對南極主權的爭奪一概凍結。

目前處理北極地區爭端的依據，只有「聯合國海洋法公約」規定北極點及其附近地區不屬於任何國家，但也規定北冰洋周邊國家，如俄羅斯、美國、加拿大、挪威、丹麥等，擁有領海周邊200海里的專屬經濟區。

Q：北極海域歸屬劃定後，對其他國家船隻有無影響？

A：沒有。因為就算東北航道、西北航道被劃進某國領海，軍艦和商船還是可以行使「無害通過權」，也就是一般正常的、沒有敵意的船隻，都可以在此自由通航。

必學單字大閱兵

Arctic Ocean 北極海
Antarctic Circle 南極圈

ice-covered area 冰封地區
icebreaker 破冰船

chapter 6

太陽微中子　變身躲偵測

尋訪太陽祕密

◎郭錦萍

太陽光讓地球得以孕育生命，但陽光是如何產生？

約80年前開始有科學家提出太陽能是來自於太陽上的核反應，產物則是氦及陽光，而且還會釋放出沒有質量、不帶電、不會和其他物質作用的微中子，這種東西要證明它存在夠難了吧？但真的有人做到。

　　日前，一個由多國科學家組成的研究團隊，透過蓋在義大利中部地底1公里深處的實驗室，首次觀測到了來自太陽的低能微中子。結果確認了前輩科學家的假設。

旅行到地球　粒子多變化

　　從太陽中心到地球的長途旅行中，多數的粒子一脫離太陽的束縛，就會發生劇烈變化。

　　但低能微中子不同，它們這一路幾乎沒有任何變化，捉到它們就像捉到了解它們如何產生的線索。

　　中央大學天文研究所教授陳文屏指出，太陽是離地球最近的恆星，人類生活事事仰賴它，太陽至今對人類而言，還是有很多謎團未解。

　　雖然微中子理論提出來快80年了，但因關鍵的微中子難以察覺，所以每次找到一點點線索都是科學進步的重要基礎。

尋訪太陽祕密　就靠它

　　陳文屏說，根據標準太陽模型，太陽核中不斷有氫變成氦的核融合反應，會釋出大量微中子，由於微中子是從太陽核心而不是外層發出的，因此若能多了解來自太陽的微中子，就能夠弄清楚太陽上這些

反應的本質，以及太陽核中還剩餘多少燃料的資訊。

有質量、互轉換　難偵測

中央大學物理系教授張元翰則指出，微中子研究累積這麼多年後，粒子物理學界已大幅修正原先對微中子的假設，包括微中子應該是有質量，而且微中子能相互轉換，因為微中子只參與弱交互作用，所以非常難被偵測到。也因為它們會轉換型態，使得我們在過去僅測得三分之一的太陽微中子。

對於這麼難找到的微小粒子，美日歐多個大國競相投入龐大資金研究，就是想弄清楚這些事。也許還是有人會想問，研究這種細微的東西可以幹嘛？

科學家探祕　找有力證據

張元翰說，絕大多數的物理研究，一開始都不知道能做什麼用，一開始都只是科學家想知道為什麼會這樣？但人類科技的進步，絕大多數建構在這些原先也不知道有沒有用的知識。

舉近一點的例子，e+是個正子，即電子的反粒子。最初科學家發現正子-電子的互毀會釋放出兩個相反方向的0.511 MeV光子時，可沒想到會變成核子醫學最先進的正子攝影（PET）的基礎。

核電廠做實驗　廢物再利用

美俄法日等大國無不投入微中子研究，我們的中研院也曾大力發

展微中子研究，可惜的是，後來因種種因素，計畫中止。目前國內還在從事相關研究的學者，大多是和其他國家合作。

中央大學物理所教授張元翰指出，中研院和國科會是在1996年開始微中子研究，團隊取名為台灣微中子實驗（TEXONO），那是兩岸首次大型學術研究合作。

張元翰說，主要觀測題目是低能微中子是否具磁性，若有磁性反應，則證明微中子是質量的。

根據當時主導研究的中研院研究員王子敬發表的論文，他們是在核能二廠距離爐心28公尺之處，建立實驗室。研究的基本假設是，若微中子具有質量，推測微中子會和其他物質作用。

核能發電過程會製造大量微中子，在核電廠做微中子研究，算是「廢物利用」。國聖核二廠微中子實驗室採模組化的設計概念，內有50噸重、防宇宙射線干擾的屏蔽體，還有精密的高純鍺及閃爍晶體探測器等。

可惜籌畫多年的國聖實驗室，碰上九二一地震，遲至2001年中才開始運作，雖然隔年就有不錯的實驗結果，但後來限於經費和政治環境，研究已近乎停擺。

微中子研究　諾貝爾獎製造機

最早提出有微中子這種東西的是鮑立（Wolfgang Pauli，1945年諾貝爾物理獎得主）。他認為每一個 β 衰變中都應有一個微中子產生並放射出來，而且它的質量零、不帶電荷、自旋為二分之一，用以解決當時觀察到 β 蛻變時能量不守恆的問題。但其實當時他沒有任何證據，只是想和另一個物理學家別苗頭。

1956年，阮勒斯（F. Reines，1995年諾貝爾物理獎得主）和柯文（C. Cowan），透過強大微中子束流反應器找到微中子碰撞後轉變的蹤跡，證明確有微中子反粒子和微中子。粒子物理學家這才開始將微中子列為基本粒子。

1962年又有人找到第二類微中子和電子（即渺〔μ〕微中子和渺電子〔渺介子〕），1976年帕爾（M. Perl，1995年諾貝爾物理獎得主）再找著第三類淘（τ）微中子和淘電子，且完成了輕子有三類共六個的完整架構。

美國學者戴維斯在1968年時用了615噸的四氯乙烯在地底的金礦坑捕獲來自太陽的微中子，1987年日本的小柴昌俊領導的超級神岡團體則用了2140噸的水，測到從超新星爆炸釋出的12個微中子，兩人後來成為2002年諾貝爾物理獎得主。

其實到今天太陽核心在發生什麼變化，還是有太多未知數。但原先都不知有沒有的微中子，至今已讓多人拿到諾貝爾獎，誰還敢說微中子微不足道？

熱核反應　能量使太陽穩定

太陽在天文學上被歸類為G2V，G2表示溫度不算高，只有5500K，V代表體積不會太大；G2V類的恆星約有100億年壽命，太陽現在約用了一半的壽命。

太陽若要維持穩定，則需每秒鐘約10^{38}次核融合反應；即約每秒450萬噸的質量轉換成能量，才夠抵消太陽自身重力的收縮。

太陽的高溫，讓其上的所有物質都處於等離子態。另外，它的赤道比高緯度地區旋轉得更快，造成此現象的確切原因仍不清楚。也因

不同緯度的自轉速度不同，造成磁力線扭曲，引起磁場迴路從太陽表面噴發，形成太陽黑子和日珥。

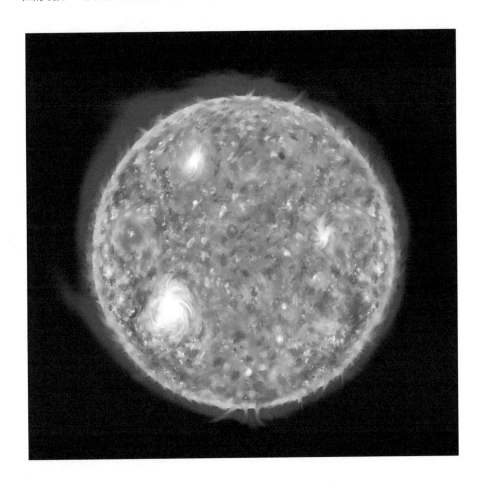

6

溫度和密度會影響核反應，太陽中心的密度約150000Kg／m³（是地球水密度的150倍），熱核反應看似激烈，但實質上，反應釋放出的能量卻使太陽保持穩定。

太陽內部每秒鐘有約六億五千萬公噸的氫融合成氦，釋出的能量

相當於每秒十萬兆（10^{17}）公噸的TNT爆炸。核聚變的速率會不斷修正，以保持太陽整體環境的平衡；例如溫度只要略微上升，核心就會膨脹，增加抵擋外圍重量的力量，這會造成核聚變擾動進而修正反應速率。

由中心至0.2太陽半徑的距離，是太陽唯一能進行核聚變釋放出能量的場所。

太陽其餘的部分則被這些能量加熱，並將能量向外傳送，中間還會經過許多層，才能到達表面的光球層，然後進入太空。

高能量的光子（γ和X射線）由核聚變從核心釋放出來後，平均要經過5000萬年的時間才能到達表面，不斷改變方向的路徑，還有反覆的吸收和再輻射，使到達外圍的光子能量都降低了。

微中子也是在核心的核聚變時被釋放出來的，但與光子不同，它不與其他物質作用，幾乎是立刻由太陽表面逃逸散射各方。

科學家也假設，一旦太陽的氫全變成氦之後，它將因密度變低往外膨脹；太陽系行星到時會被吞沒，不過在它吞掉地球之前，地球的海水也早就被蒸乾了。

翻翻考古題

九十三年指考／物理

8. 帶電q的粒子垂直射入量值為B的均勻磁場中，留下如圖6所示的軌跡。在粒子質量與運動速率皆未知的情況下，下列有關該粒子的物理量中，何者可以確定？

圖6

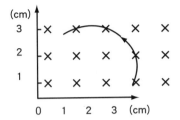

(A) 動能
(B) 質量
(C) 運動速率
(D) 動量的量值
(E) 電荷與質量的比值

必學單字大閱兵

neutrino 微中子
lepton 輕子

elementary particles 基本粒子
spin 自旋

chapter 7

鯨豚搶灘擱淺　迷蹤惹禍？

鯨豚迷航

◎楊正敏

　　九月下旬，連續兩天有上百隻熱帶斑海豚在台北縣八里鄉海邊集體擱淺，這種情形相當罕見，專家還認為，翻遍國內外紀錄，沒發現類似的個案。

百隻齊「自殺」　從無紀錄

　　台灣四面環海，鯨豚誤闖海岸擱淺時有所聞，但為什麼這些極具智慧的海中精靈，竟然會游著游著，就游上岸來「自殺」呢？

　　中華鯨豚協會擱淺組組長郭祥廈指出，鯨豚在廣大的海洋生活，人類對牠們的生活了解還是相當有限，為什麼總是會有鯨豚迷航、擱淺，到現在還沒有定論。

　　他指出，以八里這次大批熱帶斑海豚擱淺為例，解剖之後發現，並沒有中毒的現象，初步可以排除牠們是因為集體中毒，導致迷航擱淺。

蟲蟲危機 海豚枉送命？

　　郭祥廈指出，為什麼是這個數量，為什麼是這個品種，很難有個定論，解剖發現海豚收訊與發訊的部位有寄生蟲，可能是因此讓海豚失去方向。

　　他說，有些品種的鯨豚是群體活動，會有一個領航者在前面帶頭，萬一這個領航者忽然迷失了方向，就會帶著大批鯨豚衝向海岸而擱淺；但熱帶斑海豚雖是群體活動，在移動時卻並沒有一個明顯的領航者，所以不太可能是因為帶頭的海豚迷航造成集體擱淺。

　　前陣子印尼發生大地震，之前也有颱風，是否因此造成洋流劇烈變動，也干擾了海豚的方向感，造成集體迷航？郭祥廈說，不排除這

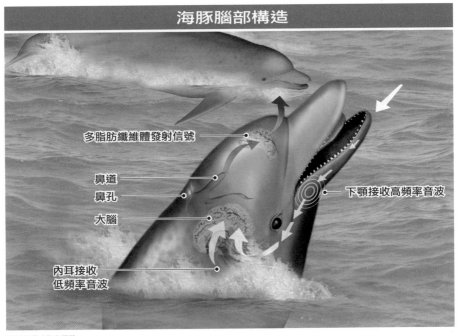

海豚腦部構造

多脂肪纖維體發射信號

鼻道
鼻孔
大腦

下顎接收高頻率音波

內耳接收
低頻率音波

資料來源／取自網路

63

種可能。

群體擱淺　至今無定論

　　鯨豚擱淺的情況可分死亡擱淺與活體擱淺，死亡擱淺多半是年老、疾病或受傷，較為單純；活體擱淺，尤其是群體擱淺，至今仍無定論。

　　台灣在1990年發生澎湖漁民屠殺海豚事件，開啟鯨豚保育，同年8月鯨豚改列保育類動物。根據台灣大學生命科學系教授周蓮香的研究，每年台灣有22到48次鯨豚擱淺事件，四成約為活體擱淺。1990年到2005年，共發生400多起。

吹東北季風　上岸死亡多

　　根據台大鯨豚研究室長期的追蹤，分析台灣的鯨豚擱淺頻度時間變異結果發現，東北季風、冷氣團、颱風並無顯著影響，唯有東北季風時期的死亡擱淺高於活體擱淺。

　　在空間分布上，頭城至北方澳間海岸的擱淺率高於其他海岸段；因台灣東部和南端的海岸相對較低。而台灣西南沿海地區的擱淺多集中在東北季風時期的冬季。

　　郭祥廈表示，冬季對鯨豚而言，生存條件比較嚴苛，比較容易因為健康狀況不佳而擱淺；台灣東部海岸，尤其是清水斷崖以南，很少發生活體擱淺，因為當地沙灘少，死亡擱淺較多。

　　八里這次大批熱帶斑海豚集體擱淺，解剖後發現有寄生蟲，此外也有人認為與台北港地形有關。郭祥廈說，八里有很多沙洲是退潮也

看不見的，鯨豚擱淺後，即使漲潮，也不易游出去。

解剖找原因　難歸咎單因

郭祥廈說，鯨類在海中沒有牆的概念，對牠們來說大海無限寬廣，不會有阻擋。過去曾在貢寮附近發現落單的小虎鯨，不知因為什麼原因游到海灣裡來，受到地形地物的阻擋，產生錯亂，但牠慢慢矯正方向後，就找到路游出去了。

他強調，鯨豚迷航有時可以從事後的解剖、當時的季節、地形條件、品種的特性，再加上多年的經驗觀察等，歸納出一些原因，但是都只能解釋個案，無法一概而論，而且常常每一個擱淺事件，都是多種因素造成的，很難以單一原因解釋。

到底為什麼？污染、追捕、攝食……牠們走上陸地

鯨豚擱淺至今尚無定論，但是學者們仍歸納出幾種理論，目前常被提及的鯨豚擱淺理論包括：

一、返祖論：鯨類由陸生祖先演化，演化過程中的中間型態為兩棲性生物，遇到危險時會逃上陸地避難，這種習性延續至今，使鯨類遇到生命危險或精神緊迫時，會表現出原始行為，走上陸地，導致擱淺。

二、回聲定位論：鯨類藉回聲定位系統在海中尋找方向及食物，系統發生問題時，如寄生蟲破壞、生病、地形混淆或颱風、地震等環境干擾時，會導致無法辨識方向。

三、攝食論：鯨類有近岸攝食的習性，有時會跟蹤食物到岸邊，

退潮後就會擱淺在沙灘上。

四、社群論：有些群居性的鯨類會由某個成員當嚮導，嚮導出了問題擱淺，其他成員也一起遭殃。

五、地形氣候論：海嘯、颱風、地震等惡劣的氣候因素，使某些體力不支的鯨豚擱淺，或游進不熟悉的海灣環境中，最後誤判導致擱淺。

六、污染論：人類的廢棄物或環境的污染造成對鯨豚的衝擊。

七、地磁論：歐洲的擱淺常發生在磁場走向與海岸線垂直處，有些科學家認為鯨類沿著磁場地形移動，當陸地海岸線與地磁線垂直交叉時，會產生干擾，導致擱淺。

八、追捕論：鯨豚受到天敵追捕。

九、自然毒素；有毒藻類導致鯨豚集體中毒而擱淺。

鯨豚會唱歌 回聲定位 摩斯密碼說暗號

鯨豚會唱歌，他們發出聲音互相溝通、覓食，其中還有一個重要的用處就是定位，利用反射的聲波辨識物體的位置，陸上的蝙蝠也有類似的行為。

海豚藉著壓縮額隆後方的鼻液囊發出聲波，額隆會將聲音集中成一束，對外放射，下顎後端、下頷骨內部的脂肪組織是回聲的接收器，再由聽骨、耳蝸管將聲音傳到腦部。

中山大學海洋生物所教授莫顯蕎說，鯨類除了有一般的聽覺外，還具備自己發出超音波「觀察」環境的系統，海豚能發出一種脈衝性的答聲click，有些種類的最高頻率甚至可達30萬赫茲（Hz），這類的聲音遇到物體反射後，可以提供齒鯨類有關物體的方位、大小，甚至

材質。

　還有些海豚和大部分的齒豚，會發出延續時間較長的哨聲（Whistle），可以辨識個體，也能表達情緒狀況，是海豚主要的通訊管道。

　抹香鯨潛入水面下時，會發出響亮而有規律的答聲，不同的是更大聲，且頻率較慢。當攝食回水面時會聚在一起，出現組合式的答聲，稱為coda，就像人類的摩斯密碼一樣，是個體間交換信息的工具，一隻抹香鯨發出coda，一小段靜止的時間後，另一尾就發出另一型別的coda來呼應。

　莫顯蕎說，鯨豚的擱淺，是否因為回聲定位的器官病變，必須要解剖研究以及相關的研究及更多的證據才能確定。

　他認為，有時不見得是病變，也有可能是受到人類製造的噪音干擾，導致回聲定位失準，才使鯨豚迷航。

　鯨豚除了會

鯨豚擱淺怎麼辦？

三要

一、要將鯨豚身體扶正，背朝上，腹朝下，並保持噴氣孔暢通，胸鰭妥善放置（鰭下方挖洞），注意湧浪，使鯨豚身體方向與海岸線成垂直以減少阻力。

二、要在鯨豚身上澆水，避免皮膚乾燥，覆蓋毛巾。如果可能，在皮膚上塗氧化鋅油脂，千萬不可用防曬油。寒冬時，需在身體末端覆蓋濕油布。

三、要記錄呼吸及心跳速率（由專業人員測量）。

四不

一、不要讓鯨豚受到風吹日曬。

二、不要站在距離鯨豚尾部和頭部太近的地方，以免被打到。

三、不可推拖拉扯鯨豚的鰭、尾鰭或頭部，也不可以翻滾。

四、不可喧譁，避免碰觸鯨豚的身體，減少噪音，隔離群眾。

資料來源／中華鯨豚協會　　　　　　　　　製表／楊正敏

發出聲音辨別環境，互相溝通外，也會利用聲音震昏獵物，牠們也會聽到黃魚產卵時的叫聲，知道獵物在哪裡，並前往捕食。

你Q我A

Q：鯨豚如何分類？常見的有哪些？

A：鯨類是一種生活在水中的哺乳動物，牠們具有和陸上哺乳動物相同的生理特徵，例如用肺呼吸、胎生等，更具備了一些為適應水生環境所演化出的特殊生理構造。全世界有13科79種，台灣有6科31種。

又可分鬚鯨亞目與齒鯨亞目，鬚鯨亞目主要的型態特徵是沒有牙齒，但有具大的鯨鬚，可用來篩選浮游生物，所以為濾食性。

常見的有大翅鯨、露脊鼠海豚、柯維氏喙鯨、小抹香鯨、侏儒抹香鯨、抹香鯨、熱帶斑海豚、瓶鼻海豚、中華白海豚、真海豚等。

Q：探測聲納會造成鯨豚擱淺？

A：國外研究質疑，船隻的探測聲納會加速鯨豚及魚類的死亡，但到底大型船隻噪音、軍事演習發出的巨大聲響，還有探測聲納會產生什麼影響，都有待研究。

根據中華鯨豚協會多年的解剖研究發現，大多數鯨豚死因都是胃部有不能消化的物品，因此雖然鯨豚擱淺理論目前眾說紛紜，但為了保護生存環境，進行海洋活動時，要有維護生態的觀念。

必學單字大閱兵

fecholocation 回聲定位；聲波定位
dolphin 海豚
whale 鯨的通稱

cetacea 鯨
strand 擱淺

7

chapter 8

地雷多防探　掃雷步步防？

◎李志德

　　他們時常一整天跪坐在一叢矮樹林間，有時用剪刀仔細修剪橫在眼前的樹枝樹葉，有時拿出一根尖頭的細鐵棒，用近乎和地面平行的角度，小心插進土裡，留意著鐵棒尖端任何的細微感應。

　　最引人注意的，就是他們那一身鮮豔的橘紅色上衣，就像毒昆蟲的警戒色，警告周遭：閒人勿近。他們，就是陸軍地雷排除大隊的排雷戰士。

埋土藏樹叢　地雷種類多

　　地雷造價低廉，布雷不需要任何技術，一旦部署，十幾、二十年都有效。再加上地雷多半埋在土裡，或藏身樹叢，攻擊方很難偵測。種種特點，讓地雷成了自火藥發明以後，除了槍彈，在戰爭中運用最廣的武器。

　　地雷的種類繁多，大致可以分成「人員殺傷」和「車輛破壞」兩種。其結構和組成大同小異：主要分「雷體」和「引信」兩部分。

「雷體」內裝滿了炸藥，常見的成分是「三硝基甲苯」，俗稱TNT或黃色炸藥，是地雷殺傷力的主要來源。

壓、碰、拉 引信燃炸藥

「雷體」裡的炸藥，要靠「引信」來點燃，引信的主要功能，是感應外界的動作，一旦人、車碰觸到引信，壓力或拉力傳導到拉火環，發火點燃傳爆管內炸藥，最後引燃雷體裡的炸藥。

地雷詭譎難測的特性，就展現在引信的作用上。引信可以直接感應人員腳步，或者車輛的壓力。除此之外，也可以用細繩子的一頭拴在引信上，另一頭綁在樹上，做成一條絆線，一被鉤到就引爆地雷。因此在戰爭結束之後，沒有清除的地雷，就成當地民眾的心腹大患。

先用目視 搜索器再感應

地雷搜索器

排雷大隊管理中心主任莊輝煌中校說，清除地雷的第一步是目視檢查，看看地表上有沒有裸露的引信、絆線和可疑的物體。如果有絆線，

就小心地用工具挑掉，動作必須盡量放輕，才不會引爆地雷。接著是修剪雷區植物，特別是碰上比較高的樹叢，必須由上而下，一段一段的修，剪下的植物要在雙眼的注視下放置到身後，所以進行的速度相當緩慢。

把植物清除乾淨後，就可以用搜索器搜索。排雷大隊工安稽核官施路光少校表示，地雷搜索器可以感應地下一公尺深的金屬物質，屬於淺層探測裝備，一探測到金屬物質的時候會發出聲響。

磁力線異常　可能有地雷

如果地雷埋得較深，就要使用「磁性探測儀」，它作用的原理是，地球表面的磁力線分布原本有一定的規律，然而一旦碰上含鐵金屬，磁力線就會異常，磁性探測儀，就是藉著「異常磁力線」，發現地底下的金屬，探測深度可達六公尺。

如果探測出金屬反應，排雷手就用一根金屬探測棒，以小於地表30度的角度插入探測，藉此測定究竟是地雷、廢彈或其他金屬物體。挖掘地雷，是最後、也是最危險的步驟，排雷手盡量不要碰到地雷，一旦將地雷挖掘到足供辨識的程度時就停止，最後以炸藥引爆。

潮汐拍打　雷區移位

2006年6月，立法院通過了「殺傷性地雷管制條例」，規定在民國102年前，金門、馬祖現有的廢棄地雷，必須全部清除完畢。金、馬人民五十年來活在地雷的陰影之下，現在總算得到遲來的正義。

兩岸對峙的上世紀，金門、馬祖駐軍埋下了約10萬枚地雷防止解

放軍入侵，在殺傷性地雷管制條例通過後，軍方「委外」和「自力除雷」雙管齊下，開始清除金、馬兩地的地雷，總經費高達46億，平均每排除一枚地雷，得花4.6萬元，但一枚地雷的成本，不過幾千元。

陸軍在今年4月組建「排雷大隊」，經實地考察後，確定金門現有雷區153處，總面積達343.68萬平方公尺，初步判斷，金門埋設的各式地雷約7萬多枚。

比起東南亞雷患最嚴重的柬埔寨及中越邊境地區，金、馬雷區的情況單純得多，因為駐軍當年埋設地雷時，紀錄還算完整，讓排雷大隊官兵不必「從零開始」。但當年的紀錄也不能盡信，因為雷區大多在海邊，潮汐日夜拍打海岸，造成埋在地下的地雷移位，按圖索驥不一定能找到當年的地雷。

「因為雷區會移位，所以排雷的官兵有時連是不是進了雷區都不知道。」一位陸軍軍官表示，進入一個雷區之初，是最危險的時候，但只要發現一、兩個，就可以靠著相對位置，以及埋設地雷的規律，判斷出其他的地雷大致在哪裡。

但也有極為困難的時候，官員表示，例如金門西山靶場的被彈面，也是一個廢雷區，在這裡排雷時，因為地上、土裡全部都是打靶的彈頭，金屬、磁力探測器動不動就警報大作。而排雷手須先把這些彈頭全部清乾淨，才能開始探測。最壞的情況就是，排雷手一天只能推進兩公尺，把它形容為「在土地上繡花」，亦不為過。

投身反地雷　戴妃親臨安哥拉

1992年10月，六個非政府組織發起成立「國際反地雷組織」，他們眼見世界各地在各種武裝衝突後，留下上億顆未清理的地雷，開始

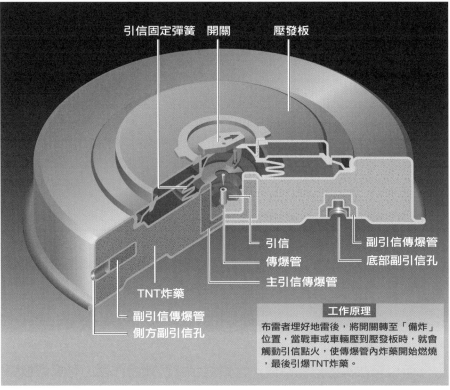

M6A2戰防雷結構

引信固定彈簧　開關　壓發板

引信
傳爆管
主引信傳爆管

副引信傳爆管
底部副引信孔

TNT炸藥
副引信傳爆管
側方副引信孔

工作原理
布雷者埋好地雷後，將開關轉至「備炸」位置，當戰車或車輛壓到壓發板時，就會觸動引信點火，使傳爆管內炸藥開始燃燒，最後引爆TNT炸藥。

資料來源／詹氏年鑑　　　　　　　　　　　製表／李志德

不斷發聲，倡議限制這種恐怖武器繼續蔓延。而其中最重要的一位反雷大使，就是英國前王妃戴安娜。

80年代初期，已有許多非政府組織意識到地雷對第三世界國家的傷害，這些非政府組織隨後結盟，成立了國際反地雷組織。

1997年，國際反地雷組織獲得諾貝爾和平獎，其間反雷運動最大的推手，莫過於戴安娜王妃，她第一次投入反雷，探視傷者，就選擇了非洲雷害最嚴重的國家之一：安哥拉。接著，戴安娜又多次前往安

哥拉、波士尼亞等地探望因觸雷傷殘的人士，而且只要是宣傳反雷的行程，戴妃大都輕車簡從，真誠的態度，打動了不少人。

戴妃的努力，讓「國際反地雷運動」的能見度提升。在台灣，伊甸基金會在1998年投入反雷運動，目前是「國際反地雷組織」在台灣的代表。

你Q 我A

Q：排雷「行頭」有哪些？

A：排雷戰士的個人防護裝備包括防護盔、防護服及防爆靴，總重量超過10公斤。「防護盔」由熱塑型塑膠組成；面罩內層是厚度0.5公分的防彈鏡面，外層則是1公分厚的防爆材質面罩，全重是3.5公斤。

「防護服」是針對人員胸腔加強防護，它主要由聚碳酸酯纖維材料製成，而且是由一千條高抗性纖維細絲編織而成，可承受每秒600公尺爆破衝擊力，總重量6公斤。

「防爆靴」靴底主要是由三層防護結構組成，它的前腳掌部分可以承受50公克TNT炸藥，後腳跟可承受70公克TNT炸藥，而整雙鞋重950公克。

Q：為什麼要反地雷？

A：反地雷運動的重點，不在反對武器，而是反對「針對不特定對象」的武器。例如兩軍對陣，彼此相互開槍，目標都是戰鬥人員，不會毫無節制地波及無辜，況且只要戰鬥一結束，傷害就結束了。

但地雷不同，一旦布設下去，就算之後部隊撤走了，戰爭結束了，沒

有清除的地雷還是會繼續傷人，而且被傷害的絕大多數是無辜的平民，這就是反地雷運動的訴求重點。

Q：反地雷有哪些公約？
A：1980年10月10日，部分認同禁用地雷的國家，簽訂了「禁止或限制使用地雷、餌雷和其他裝置」的議定書，禁止在任何情況下，對平民使用地雷。就算使用在含有軍事目標的區域內，也必須安裝自毀裝置，或者準確記錄其位置。

必學單字大閱兵

地雷 mine   磁性探測儀 magnetic detector
掃雷 minesweeper

chapter 9

基因鼠 破解生命密碼

基因解謎

◎施靜茹

　　近來老鼠大出鋒頭。電影「料理鼠王」的老鼠主角「小米」，掀起了影迷對法國料理的注意；今年的諾貝爾醫學獎頒給研究基因標的與基因剔除鼠的三位科學家卡沛奇、伊凡斯和史密西斯，受到世人矚目。

　　老鼠和基因之間，有何關聯呢？陽明大學生命科學系暨基因體科學研究所副教授蔡亭芬說，分子生物學的日新月異，現在科學家欲了解生命現象，已由宏觀角度轉為微觀，人類疾病的小鼠動物模式，提供觀察基因隱藏的生命密碼。

　　同時也是國家衛生研究院分子與基因醫學研究組合聘副研究員的蔡亭芬指出，人類現在已有兩萬九千多種基因被科學家發現，老鼠基因約比人類少300個，基因標的（gene targeting）就是利用同源DNA序列互換，改變特定的內部基因。

　　博士論文研究基因轉殖鼠的台大醫院基因醫學部主治醫師蘇怡寧說，十幾年來，基因遺傳疾病越來越多，人類基因也逐漸解謎，基因鼠提供更進一步的佐證。

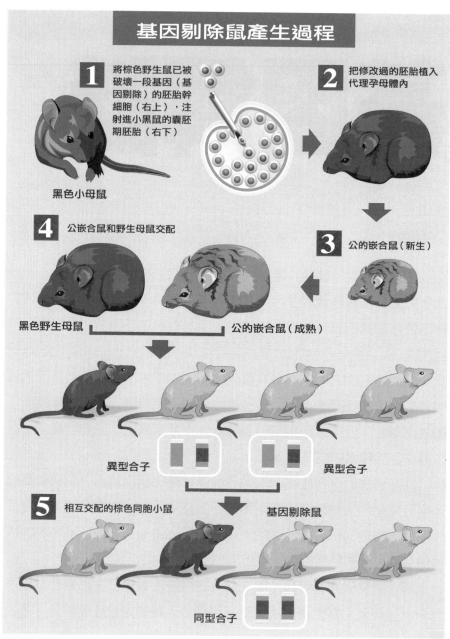

基因剔除鼠產生過程

1 將棕色野生鼠已被破壞一段基因（基因剔除）的胚胎幹細胞（右上），注射進小黑鼠的囊胚期胚胎（右下）

黑色小母鼠

2 把修改過的胚胎植入代理孕母體內

3 公的嵌合鼠（新生）

4 公嵌合鼠和野生母鼠交配

黑色野生母鼠　　　　公的嵌合鼠（成熟）

異型合子　　　　　　　異型合子

5 相互交配的棕色同胞小鼠　　　基因剔除鼠

同型合子

資料來源／蔡亭芬副教授

78

基因剔除鼠 探討功能喪失

基因剔除鼠（knockout mice），「knockout」一詞，被研究人員戲稱為「積非成是」，它是探討體內基因「功能喪失」（loss of function）後，對生物造成的影響。

簡單來說，身體就像一部運作功能正常的機器，把其中某一顆螺絲釘（基因）拿掉，機器便可能出狀況，無法運轉（生病）。

蔡亭芬說，現在人類以基因標的研究的疾病有上千種，老鼠有上千種基因被破壞，傳到第二代的也有數百種。

嵌合鼠 基因剔除鼠祖父

基因剔除鼠，不能不提到「嵌合鼠」，這種長著老虎般花紋的老鼠，是經過特別培育的。

蔡亭芬解釋，嵌合鼠是取編號129／Sv品種的棕色野生鼠，先建立胚胎幹細胞株，將其胚胎幹細胞的一段基因破壞掉，再

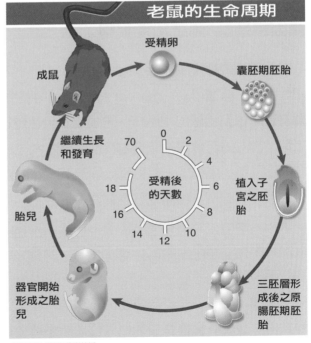

資料來源／蔡亭芬副教授

79

取C57BL／6小黑鼠3.5天囊胚期胚胎，將基因已被破壞的129／Sv胚胎幹細胞用體外顯微注射，送入小黑鼠囊胚期胚胎，並將顯微注射之小黑鼠胚胎移殖到代孕母鼠子宮內，生下來就是帶有棕色和黑色雜毛的嵌合鼠。嵌合鼠和一般小黑鼠交配後，經過兩代，就會生下基因剔除鼠。

蘇怡寧說，p53抑癌基因突變，被認為可能是人類致癌原因之一，破壞老鼠這段基因，也能讓牠得癌症；地中海型貧血，也能透過基因剔除讓老鼠得病。

觀察這種基因剔除鼠，蘇怡寧說：「老鼠不會講話，但牠可能走路一拐一拐，或在籠裡亂撞。」有時，則得仰賴抽血等方式來確認老鼠是否得病。

基因轉殖鼠 測試功能獲得

至於基因轉殖鼠（transgenic mice），蔡亭芬說，它是測試外來基因的「功能獲得」（gain of function）動物模式，方法是將外來遺傳物質，送到老鼠的細胞核，再插進其染色體裡。基因轉殖除了用在老鼠，也可用在植物，像基因轉殖水稻或大豆。

這兩種小鼠模式，都可用於解答不同的生物醫學問題。

蔡亭芬舉例，台灣在肝炎病毒、肝硬化、肝癌的研究舉世矚目，以陽明大學的小鼠動物模式，將可用來印證過去搜集觀察肝癌組織、肝癌細胞株的結果與假說，長遠來看，開發新藥或基因治療，也要靠這些基因鼠。

她說，將B型肝炎病毒基因，轉殖入小鼠的肝臟，在小鼠成長過程當中，發現肝臟會產生類似人體感染病毒後病理現象。當小鼠長到

約16個月大時,更可在其肝臟中觀察到多處肝腫瘤產生。

　　進行基因轉殖時,小鼠卵子約0.1毫米,直徑是青蛙卵的十五至二十分之一,基因轉殖方法,又稱「胚原核顯微注射法」,DNA會隨意嵌入小鼠的染色體上,並隨著胚胎發育,分布到全身各個細胞,如生殖細胞也帶有這一段外來DNA片段,小鼠交配產生的下一代,全身細胞就會帶有同樣DNA片段了。

　　蔡亭芬的實驗室團隊,開發的基因轉殖鼠新技術,可用毛色快速鑑定基因型,包括讓黑鼠毛色變黃,白鼠毛色變灰。

　　方法是,將控制毛髮顏色的Agouti基因,連在致癌基因上,轉殖到小黑鼠的染色體後,這些小鼠的毛色即由黑變黃;若將Tyrosinase基因連接到致癌基因上,經基因轉殖的小白鼠,毛色即由白轉灰。

　　蔡亭芬甚至可以在老鼠的染色體裡,放入水母的綠色螢光基因,讓老鼠變成「螢光鼠」。牠全身有如螢光魚般的晶瑩,看得最清楚的是老鼠眼睛閃爍著光芒;皮膚雖有鼠毛遮擋,不若眼睛那麼明亮,但科學家的研究結晶,卻是那麼令人類目眩神迷。

基因鼠的窩　無細菌病毒　日與夜分明

　　尋常家庭的老鼠,常令人望之生厭,但實驗室的基因鼠,卻肩負傳遞生命之謎使命,可說過著養尊處優的生活,雖然牠們可能為人類貢獻生命。

　　基因老鼠,必須住在無特定病原(specific pathogen free,SPF)的動物房。

　　陽明大學生命科學系暨基因體科學研究所副教授蔡亭芬說,無特定病原動物房,有一定溫度、溼度,不允許有人或環境病原,須無細

菌、病毒或寄生蟲，且嚴格營造白天和黑夜環境，各12小時，早上7點到晚上7點才亮燈，其他時間不能開燈，或只能開特殊紅燈。

「和老鼠為伍，365天無休。」即使是假日，蔡亭芬在陽明大學的實驗室也是燈火通明，「鼠媽媽不會每次都選在上班時間生」，即使是半夜生下小老鼠，研究人員也得奉陪。

老鼠和人類一樣是哺乳類動物，生命周期短，基因數目差不多，一胎可以產下六、七隻，繁殖快，是科學家眼中絕佳的研究利器。無日無夜繁殖不少基因短缺的老鼠，蔡亭芬也觀察到一些特殊現象。

「母鼠在生下小鼠後，若發現小鼠不健康，例如，有的小鼠不吃奶，母鼠可能會將這些小鼠吃了，有時候會先吃肚子，再吃腦袋。」蔡亭芬認為，母鼠這種「資源回收」行為，或許是替自己留下多一點養分，好繼續繁殖下一代。

多年來經手的基因老鼠不計其數，蔡亭芬也陷入「苦思」，「有一半老鼠被

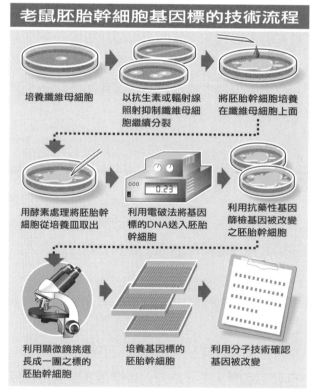

老鼠胚胎幹細胞基因標的技術流程

培養纖維母細胞

以抗生素或輻射線照射抑制纖維母細胞繼續分裂

將胚胎幹細胞培養在纖維母細胞上面

用酵素處理將胚胎幹細胞從培養皿取出

利用電破法將基因標的DNA送入胚胎幹細胞

利用抗藥性基因篩檢基因被改變之胚胎幹細胞

利用顯微鏡挑選長成一團之標的胚胎幹細胞

培養基因標的胚胎幹細胞

利用分子技術確認基因被改變

資料來源／蔡亭芬副教授

拿掉基因，還是好好的」，她不知道這是否是動物一種「基因預防措施」，即有「備份基因」去彌補壞的基因。

　　她說，即便科學再精進，基因老鼠被養在管控嚴格的動物房，「在實驗室沒有任何症狀，不代表在野外多變的環境下也沒有症狀」，未來基因研究，應該將環境變化列為重點。

翻翻考古題

12.下列有關R型肺炎球菌在實驗鼠中所產的子代之推論，何者正確？

(A) 外表型改變而基因型不變
(B) 基因型改變而外表型不變
(C) 外表型隨基因型的改變而變
(D) 基因型隨外表型的改變而變

40.哈—溫（Hardy-Weinberg）定律說明在一個理想的族群中，各基因型的頻率是恆定不變的。下列何者為滿足哈—溫定律的先決條件？（應選三項）

(A) 族群的基因庫呈穩定狀態
(B) 族群的個體數要少
(C) 族群內為隨機交配

（D）基因庫內沒有突變發生
（E）由族群移出的個體數需比移入者少

必學單字大閱兵

gene targeting 基因標的   transgenic mouse 基因轉殖鼠
knockout mouse 基因剔除鼠   embryonic stem cell 胚胎幹細胞

正確答案　12題：（C）40題：（A、C、D）

chapter 10

離子推進　征空更有效率

太空夢

◎楊正敏

　　長征三號火箭，載著中國第一顆探月衛星「嫦娥」奔向月球。

　　太空科技的日新月異，使得越來越多的國家有能力加入探索太空的行列，人類對浩瀚宇宙的探索也有越來越多的可能性，無論是太空旅行或對其他太陽系行星進行研究，都不再是夢想。

　　成功大學航太中心主任趙怡欽說，要上太空，第一就是要脫離地心引力，飛出大氣層，需要強大的爆發力，將火箭打到空中，飛到外太空。

太空飛行夢　續航要夠力

　　飛到外太空後，若沒有續航力，不要說到太陽系其他行星，就連月球都到不了；更何況，若要載著生物或人往返太空與地球間，太空船等載具還要備有足夠的能源，支應回程的需求。因此要實現太空飛行與探索，除強大的爆發力推進外，還要有續航力。

　　火箭能升空飛行，是利用牛頓運動定律中的「作用力與反作用

力」原理——就是將引擎內的燃料燃燒後產生的高壓氣體，經由噴嘴快速噴出，使火箭向前推進。換言之，作用力把氣體向外噴出，反作用力推進火箭。

火箭推進器比較表

類型	分類	推進力	推進燃料
氣　態	化學	40- 80秒	氮、氟氯碳化物(freons)、氬
單　基	化學	180- 220秒	聯氨、過氧化氫
雙　基	化學	300- 450秒	聯氨+N_2O_4, 氫+氧
固　態	化學	100- 290秒	硝化纖維素（nitrocellulose）與硝化甘油（nitroglycerin）
電阻加熱電離式	電子	150- 330秒	水、氦氣、聯氨
電弧式	電子	400- 900秒	氨氣、聯氨
離　子	電子	1600-5000秒	氙、氪

資料來源／成功大學航太中心主任趙怡欽

　　趙怡欽說，早年用氣體壓縮產生反作用力，但效率低，推很多質量，物體才前進一點點。但加一點燃料產生化學反應，分解出熱，就能比壓縮氣體產生更大單位推力，這類就是化學推進器。

　　化學推進器只用一種燃料的，稱為單基推進；使用複合燃料，則稱為雙基推進。而燃料可分固態與液態，固態燃料混合氧化劑後稱為固態推進劑，以此推進的火箭就是「固態推進劑火箭」，太空梭是以此為推進器。

固態燃料 大火箭才夠裝

　　趙怡欽說，火箭、太空船要應付長程的旅程，要飛到火星再回來地球，若是用傳統的固態燃料引擎，一定要把火箭造得很大才夠裝，但火箭大引力就強，又要推力更大的推進器才能把火箭打上天空，因此研究更有效率的推進器，就成了現在科學家的挑戰之一，也因此，推進器從化學時代，邁向了電子時代。

　　電子推進器持久有效率，只要有很少的燃料，就可以產生很大

的單位質量推力。趙怡欽說，像到火星，一飛好幾個月，使用電子推進，大概50公斤的燃料就已經足夠。

離子引擎 讓太陽轉電力

目前已經相當普遍的離子引擎，也是屬於電子推進。1998年美國太空總署發射的「深空一號」太空船，就是用離子引擎，它是以太陽能電池將太陽轉成電力，使用兩個中空的陰極管聚集電子，引擎周圍覆有磁極，在引擎內部形成磁場。

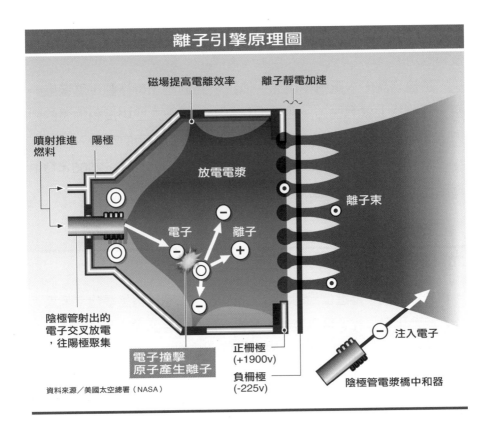

資料來源／美國太空總署（NASA）

電子經由陰極管進入磁場，接著燃料器輸入氙，引擎前部的陰極管射出電子，以電子撞擊氙原子，使得氙原子的電子脫離原有的分子軌道而離子化，在引擎內部產生「電漿」。

引擎後面有成對的金屬柵極，電位差達1280伏特，就會對氙離子產生作用力，使氙離子加速，以每秒十萬公里的速度通過這個電場，產生離子束，經由引擎後方的推進器排出，就會產生反作用力，使載體前進。

趙怡欽說，電子推進之所以效率高是因為電子比一般的分子小很多，電子運動的速度快，跟光的速度差不多，因此利用電磁加速後，能產生很大的推力。

除了離子引擎，太陽帆也是目前科學界研究的重點，只是現在還沒有成功。

趙怡欽說，太陽帆是用光。他說，光的粒子會移動，就像風一樣，打到帆上就有壓力，雖然力量不大，但在太空中沒有地表的阻力，就可以帶動太空船，這是最節省的一種太空旅行的方式。

但他說，在地表上都有阻力，很難模擬太空的環境，2005年發射的第一艘太陽能風帆太空船「宇宙一號」，最後宣告失敗。

光電技術 盼省更多燃料

趙怡欽說，推進技術的進步，將使遨遊太空不再是夢想。未來可能會結合化學、光、電等技術，打造出最有效率的太空載具，理想的狀態下是只帶足夠燃料，到火星取能源，再返回地球。

過去掌握在美俄手上的技術，也已逐漸釋出，趙怡欽說，離子引擎的造價並不高，現在許多第三世界國家也可以取得，甚至負擔得

起，因此將再掀起一陣探空的熱潮。

台灣太空夢 盼2010年升空

蘇聯在1957年10月4日成功發射人類史上第一顆人造衛星「史潑尼克一號」（Sputnik 1），它以每小時2萬9000公里的速度繞著地球飛行，並透過無線電訊號傳送偵測到的大氣電離層數據。

國家太空中心主任王永和說，盼2010年自力發射第一顆衛星。

1999年2月，首枚科學實驗衛星中華衛星一號發射，執行海洋水色照相實驗與電離層電漿動力實驗，並在2004年6月功成身退，結束實驗任務。

福爾摩沙衛星二號在2004年5月發射，目前還在890公里上空的軌道中執行各種科學任務，包括對遙測及高空閃電的觀測等。

福爾摩沙衛星三號2006年4月發射，正進行第二階段的軌道轉換，預計一年後會提升到800公里的任務軌道。

但這些衛星，都不是由台灣獨力發射上去的，因此太空中心從1998年起執行探空火箭計畫，目前已發射六次，2008年秋天探空七號發射，到了探空十一號時，就要執行發射微衛星任務，希望台灣有一天能夠靠自己的力量成功發射衛星，進入太空時代。

太空競賽 科技革命的推手

1957年，蘇聯成功發射首顆人造衛星「史潑尼克一號」，這項創舉震驚世界，當時正值美蘇冷戰期間，美國同一年發射「先鋒號」人造衛星又失敗，使得美國備感威脅。

美國於是成立國家航空諮詢委員會，也就是現在美國太空總署NASA的前身。美蘇兩國間的太空競賽，就因為這個「史潑尼克危機」展開。

　　1961年蘇聯成功發射第一艘載人太空船「東方一號」，1969年美國的載人太空船「阿波羅11號」成功登陸月球，美國太空人阿姆斯壯的一小步，成了人類史上的一大步。

　　雖然太空計畫鉅額的經費支出與資源消耗，招致批評與反對，但是這些年來的投入也促成了人類科學與科技的發展，尤其是在電子通訊、天文、物理等領域。

太空探測重要大事紀

日期	事件	說明
1957 10/04	第一顆人造衛星 Sputnik 1（史潑尼克一號）升空	蘇聯成功發射，共環繞地球約1400圈，達7000萬公里
1957 11/03	第一艘攜帶生物的太空船	蘇聯發射Sputnik 2，載小狗上太空
1961 04/12	第一艘載人太空船	蘇聯的東方一號，載太空人 Yuri Gagarin繞行地球 1 小時 48 分鐘
1965 03/18	第一次太空漫步	蘇聯太空人進行約12分鐘的太空漫步
1966 01/13	第一艘登陸月球的太空船	蘇聯發射月球九號，2月3日降落
1969 07/20	第一次人類登陸月球	美國發射阿波羅11號7月16日起飛，載三位太空人於7月20日降落月球的寧靜海
1971 04/19	第一個太空站上太空	蘇聯將太空站沙留特一號送上太空
1971 05/28	第一艘登陸火星的太空船	蘇聯的火星三號在12月2日到達火星，登陸艙順利降落
1972 03/03	第一艘被送往外太陽系的太空船	美國的先鋒10號是第一艘飛抵木星並飛離太陽系的太空船，預計200萬年後會達到距地球8光年的金牛座。太空船上載告知地球位置與有人類生活的訊息
1981 04/12	第一艘太空梭	美國太空梭哥倫比亞號升空，繞行地球36圈，飛行2天6小時20分
1986 02/20	和平號太空站進入太空	蘇聯和平號太空站在太空運作長達15年，1992年起，美蘇同意合作
2001 04/28	首位太空觀光客升空	美國富商提托乘俄羅斯聯合號太空船送上國際太空站，完成八天七夜的付費太空之旅

資料來源／台北天文教育館、國家太空中心　　　　　　製表／楊正敏

太空科技看來與人遙不可及，但現在從電腦到GPS衛星定位，全都是拜太空科技之賜。看過HBO影集「從地球到月亮」的人都知道，在那個年代，電腦的CPU是分裝在九個房間裡，現在可以縮到比掌心還小；甚至發展出高速運算的超級電腦。

史潑尼克號發射後50年，冷戰早已結束，蘇聯也已瓦解，但是太空競賽依然存在，歐盟、日本、中國、印度、巴西紛紛投入太空發展的行列，甚至再掀探月熱潮，太空旅行也已不再是夢想。天上有上千顆的人造衛星環繞在地球四周，執行感測天氣、探測地表、衛星定位等任務。

翻翻考古題

九十二年學測／自然

38. 在大氣中飛行的民航飛機，與在太空中沿圓形軌道運行的人造衛星，都受到地球重力的作用。下列有關民航飛機與人造衛星的敘述，何者正確？

(A) 飛機在空中飛行時，機上乘客受到的地球重力為零

(B) 人造衛星內的裝備受到的地球重力為零，因此是處於無重量的狀態

(C) 人造衛星在圓形軌道上等速率前進時，可以不須耗用燃料提供前行的動力

(D) 飛機在空中等速率前行時，若飛行高度不變，則不須耗用燃料提供前行的動力

必學單字大閱兵

xenon 氙
plasma 電漿
ion engine 離子引擎
photon 光子

cathode 陰極
electron 電子
molybdenum 鉬

chapter 11

洋流分層　啓於地球自轉

深層海水

◎楊正敏

　　日前深層海水的效能在國內引起不小的論戰，海洋幾千年來影響人類文明的經濟發展，但海洋如何流動，如何輸送各種形態的資源，其實仍有很多疑問未解。

風吹海流水分子互摩擦

　　現在已知，空氣受到太陽熱力的影響形成風，風吹拂海水表層，就讓海水產生流動，除了局部流動外，更產生大尺度的海流，流過台灣東邊的黑潮就是大尺度海洋環流的一支。

　　大尺度的海洋環流屬於上層海洋環流，也稱為風生海流，風吹引起極表面的海水流動（或稱風吹流），表層海水因水分子間的摩擦力帶動較下層的海水流動。

　　除了上層海洋的環流外，還有一種在海深處流動的深層海流，稱為溫鹽環流，也稱為大洋輸送帶，是海水密度不均勻引起的流動。上層海洋環流因較易觀測，資料較多，型態和行為較為人知；深層的海

流觀測很少，都是由間接證據推論。有科學家推估，溫鹽環流循環至多1000年。這個環流因為在表層往下沈降過程會帶有較高含氧量，沿途就會把沈在海底的動植物遺骸、排遺分解為礦物質、有機鹽等。所以當環流往上升時，不只會把新鮮水帶到陽光透過層，同時也把生物養分帶上來。

台灣大學海洋研究所教授唐存勇解釋，水流的運動會因地球自轉產生的科氏力影響，北半球水流往右偏，南半球向左偏。科氏力又和摩擦力，也就是風力相互作用，往下方產生牽引力，水流向下呈現螺旋形，形成艾克曼流（Ekman flow）。

黑潮地轉流　深度達千尺

風直接引起的海流僅限於海面上層數十公尺的水層，但淺層海水的流動會造成壓力不均勻，產生壓力梯度，將海流流動向下延伸。科氏力和壓力梯度相互作用產生的海流則稱為地轉流，大洋中80%的海流都是地轉流，黑潮就是地轉流，這樣大尺度的海流，影響深度可達數百至1000公尺以上。

何謂科氏力

水溫在等高線下，受科氏力影響向右移動　資料來源／唐存勇

海流的分布大致可分為：赤道流系、副熱帶環流（subtropical gyre）與極區海流三區。

赤道流系包括西向的南、北赤道海流，夾雜著東向的赤道反流，在赤道上南赤道海流下方還有

一股向東流的赤道潛流，有時在夏天東風盛行時，潛流甚至會浮到表面，導致南赤道流消失。

南赤道流的北邊是向東流的北赤道反流，有明顯的季節變化，冬弱夏強。大西洋的北赤道海流沿美國東岸向北形成灣流，影響美國經濟文化發展。

大西洋上北赤道海流往東北流去，稱為北大西洋海流，並逐漸分成南北兩支，南支沿歐洲往南流，到了熱帶又往西流，成了北赤道海流的源頭，形成一個順時針轉向的大環流，就是副熱帶環流。

太平洋上的北赤道流到菲律賓後往北成為黑潮再向東成為北太平洋海流，然後沿著美國西岸往南成為加州海流、在熱帶區轉向西流成為北赤道海流的源頭，又成為一個環流。

唐存勇說，受到科氏力的影響，副熱帶環流會有不對稱的情形，西方邊界的流場較強，北太平洋的黑潮和北大西洋的灣流都曾經有類似的情形。

資料來源／唐存勇

溫鹽環流 密度不均引起

至於深層的海洋環流，也就是溫鹽環流，它的驅動力跟上層環流

並不相同。

唐存勇說，溫鹽環流也稱為大洋輸送帶，是因為海水密度分布不均引起的，因為觀測不易，資料並不多，現在的流動模式，是從水團特性、化學組成不同而推估出來的。溫鹽環流大概分布在海面下2000到3000公尺。

要多深的海水才算深層海水？

日前深層海水真假問題鬧得沸沸揚揚，學者說從學術觀點來看，海中有一特殊的水團稱為北大西洋深層水，它從挪威海下沉，溫度低、鹽度高，這股水會形成一個大洋輸送帶的環流，因為流速慢很難測量，在海底分布應該滿廣的。

那到底要多深的海水才算深層海水？有部分海洋學者說，現在市面上宣稱、販售的深層海水，或許應該稱為「商業用的深層水」會是比較恰當的。

深層海水　台灣海域難生成

台灣大學海洋研究所教授唐存勇說，北太平洋沒有那麼冷，所以甚少有深層水形成，主要的水團是北太平洋中層水，由西太平洋高緯度海域與次層海水混合而成。

海洋化學專家則認為，海水就是海水，深層水與表層水的成分差不多，主要就是鹽，氯、鈉含量豐富，各種元素礦物質數十種，「能想到的大概都有。」

中央研究院生物多樣性中心副研究員陳昭倫認為，日本的海洋

深層水是一種包裝與行銷的手法；美國目前多將深層水用在水產養殖上，對台灣東岸海洋了解太少了，深層水的資料也不夠多。

分支不斷　黑潮北流　遇到陸地急轉彎

全球主要的海洋環流中，台灣因受到太平洋北赤道流北支的影響，而北赤道流北支就是著名的「黑潮」。

北赤道洋流從東往西流，受到菲律賓的阻擋分成南北二支，南支稱民答那峨海流，海洋學者認為這支海流最後注入東向的北赤道反流；黑潮則是北赤道洋流的北支。

黑潮是暖流，從南方上來沿著菲律賓東岸向北流，經呂宋海峽後沿台灣東岸北上，至宜蘭外海受東西走向的宜蘭海脊阻擋，分成二支。

一支東轉後沿琉球島弧外緣北上；另一支則越過宜蘭海脊繼續沿台灣東岸北上。

黑潮離開台灣以後遇到一個東西走向的陸棚邊緣，又分成兩支，主支沿著陸棚邊緣向東再北流；另一支則入侵東海陸棚。

主支的黑潮沿東海陸棚往上到了日本南方後再度分支，一支流向西北進入日本海；另一支則沿日本南岸向東或東北流，有學者稱之外黑潮延伸。

黑潮在遇日本陸地驟轉後，常會引起黑潮主軸彎曲，彎曲的角度大小每年不同，一般發現聖嬰年彎曲角度較大。黑潮在日本東或東北處與從極地南流的親潮會合，形成漁場。

台灣大學海洋研究所教授唐存勇說，黑潮是上層海域環流，過去學者認為盛行於東亞的季風主導台灣海域海流的變化，一般相信東北

季風是引起黑潮入侵台灣北部陸棚的主因。

　　他指出，隨著觀測資料增加，科學家現在認為，黑潮影響台海是大洋的大尺度變化，因此是終年入侵，區域性季風的影響並不大。

南北極底層水　環流的產物

　　南北極的低溫是造就深層海水的原因。

　　南極繞極流與南大西洋的表層海水混合後則形成南極中層水（AAIW），在大西洋可以越過赤道，但在印度洋和太平洋則在赤道以南就被擋住。

南極深層海水形成起點

南極鋒　　　　　輻放

南極

亞南極表層水　　南極繞極流　　東風漂流

副熱帶表層水　　　　　　　南極表層水

南極中層水

南極繞極水

大西洋深層水

中洋脊　　南極底層水

台大教授唐存勇說，北極地區也有類似的底層水，海水在挪威海冷卻下沉後，再從挪威往南流下來，形成北大西洋深層水，過了赤道以後會與南極繞極水混合，形成環南極流，再隨著南極繞極流流動，流進印度洋，繞過澳洲與紐西蘭後流入太平洋。

　　北大西洋深層水在廣大的海域內經由湧升效應重返海洋表層，北太平洋在低緯度區有較暖、較低鹽的表層海流，然後流回印度洋，進入南大西洋後回到北大西洋，海水在往北的過程中又逐漸變冷，逐漸蒸發使鹽度增加，慢慢回到北方後下沉，形成目前推估的整個深海的環流。

翻翻考古題

九十一年學測／自然

14. 下列有關典型南海海水和黑潮之溫鹽圖
（圖3）的一些敘述，何者正確？

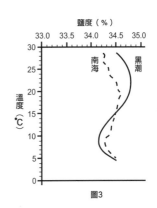

圖3

(A) 南海和黑潮的海水均具有鹽度，故二海
水密度均較純水小

(B) 在圖的溫度範圍內，南海海水的鹽度變
化幅度較黑潮大

(C) 從溫鹽圖判斷，南海海水和黑潮大致是
兩種不同的水

(D) 當海水溫度高於攝氏20度時，南海海水鹽度大於黑潮鹽度

必學單字大閱兵

Thermohaline Circulation 溫鹽環流
Wind Driven circulation 上層海域環流，風生海流
Coriolis Force 科氏力
North Equatorial Current 北赤道海流
Kuroshio 黑潮
Water Mass 水團

正確答案 14題：（C）

chapter 12

高壓純氧 治瘡 髮轉黑

高壓氧
治療

12

◎**魏忻忻**

　　50歲婦人因糖尿病截肢，接受高壓氧治療2個月後，原本灰白的頭髮竟然變黑，令人稱奇！但華髮變黑，其實是高壓氧治療的「副作用」，高壓氧最早用來治療潛水夫病，隨著人們對高壓氧的了解增加，在醫學上的用途日廣。

　　什麼是高壓氧？國防醫學院海底暨高壓氧研究所副教授陳紹原說明，高壓氧是將患者置於治療艙內，施以1.4個絕對大氣壓以上壓力，間歇性吸入100％氧氣的治療方式，原理是利用壓力使高濃度的氧溶解於血漿中，增加組織含氧量。

　　奇美醫學中心高壓氧科主任牛柯琪解釋，氧氣平常由血紅素攜帶，只有在高壓力、高濃度的情況下，才會溶於血漿。

　　只要不是特別住在高山或窪地，我們平常身處的環境承受的大氣

壓力是一個絕對大氣壓，此時空氣中有78%是氮，氧占21%，其他微量成分則包括二氧化碳、水氣、氬等微量惰性氣體。

　　也就是說，正常人呼吸的空氣中，氧氣約占五分之一，其餘五分

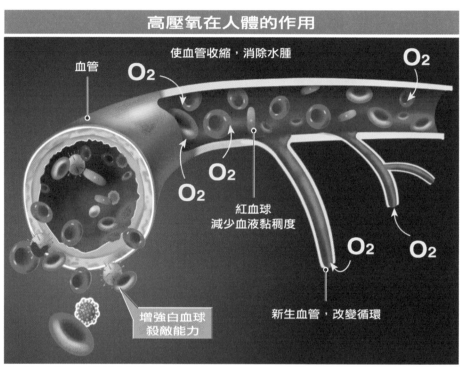

高壓氧在人體的作用

血管　　O₂　　使血管收縮，消除水腫　　O₂

O₂

O₂

紅血球
減少血液黏稠度

O₂　　O₂

增強白血球
殺敵能力

新生血管，改變循環

註：壓力大於1.4個絕對大氣壓以上時，給予純氧，氧氣會因亨利定律溶解於血漿，更容易進入人體組織，達到治療效果。

資料來源／陳紹原醫師
整　理／魏忻忻
繪　圖／曾隆明

之四是氮氣。牛柯琪說，在一般的情況下，氧氣能夠自然溶解在血液中的量極少，我們能夠自然呼吸，細胞有充足的氧氣供應，全賴血液中的血紅素，血紅素存在於紅血球中，是攜帶氧氣的重要物質，負責把氧氣運送到身體各個細胞。

　　陳紹原解釋，在高度壓力的情況下，更多氧氣可以溶解於血漿之中。這裡運用到亨利定律（Henry's Law）：在固定的溫度下，氣體

溶解在液體的量與壓力成正比。

他舉例，生活中最常見的例子是打開瓶蓋會冒氣泡的可樂和汽水，這些碳酸飲料封瓶前，先將氣體打入，並施壓讓氣體溶於飲料中，所以我們可以看到末開瓶的汽水平靜無「泡」，一旦打開瓶蓋，壓力解除，氣體就開始往上冒。

所以，當人們處於特製的高壓氧艙裡，施予1.4個絕對大氣壓以上壓力，同時給予純氧，氧氣便會大量溶解於血漿中，壓力越大，血漿中氧氣越多，常用的治療壓力可能達2.0到2.5個絕對大氣壓，幾乎是一般壓力的二到二點五倍。

人類使用氧氣治病的歷史極早，陳紹原說，十七世紀就有人嘗試利用壓力來治病；牛柯琪指出，早在1837年，歐洲曾經流行呼吸空氣作為一種保健方式，當時就叫做SPA，只是那時還不清楚空氣並不等於純氧，氧氣只占空氣的五分之一；1937年時，美國海軍最早利用高壓氧治療潛水夫病，1950年開始漸漸將高壓氧運用於其他治療，1970年才根據證、數據，有系統整理出高壓氧適應症。

高壓氧適應症

- 氣體栓塞症
- 氣體中毒（一氧化碳等）
- 厭氧性細菌感染（如氣壞疽）
- 急性創傷（急性輾壓傷、手術傷口癒合）
- 潛水壓傷症
- 慢性傷口（糖尿病足潰瘍、褥瘡等）
- 特殊性貧血
- 腦膿瘍
- 壞死性組織病變
- 慢性骨髓炎、骨壞死、骨癒合不良等
- 放射性組織壞死
- 危急性皮瓣組織移植等
- 燒、燙傷及急性創傷

不適合高壓氧的狀況

相對禁忌症
- 慢性阻塞性肺病
- 癲癇
- 發燒、體溫過高
- 懷孕
- 急性病毒感染（感冒）
- 惡性腫瘤
- 眼、耳、鼻、喉疾病
- 幽閉恐懼症
- 需要加護治療的病人
- 裝有心臟節律器的病人

絕對禁忌症
- 未被治療的氣胸

資料來源／陳紹原　　製表／魏忻忻

讓白髮變黑並不屬於高壓氧治療的適應症，但牛柯琪和陳紹原說，臨床上許多接受高壓氧治療的患者都有類似現象，頭髮毛囊營養靠毛細血管供應，老化後頭皮毛細血管循環變差，黑色素細胞來不及

把頭髮變黑，頭髮便是白的，一旦高壓氧供應足夠氧氣，促進毛囊細胞活性，黑色素活化，白髮於是轉黑。

救命幫手　減壓、給氧、幫助殺菌⋯⋯都行

高壓氧治療範圍從最早的潛水夫病，後來逐漸擴及一氧化碳中毒、糖尿病人的難癒傷口、骨髓炎等，這些病肇因不同，但高壓氧卻都能治，是因大量氧氣進入人體組織後，會產生多種效應，所以直到近期，醫界還能找到高壓氧的新適應症。

高壓氧治療技術的發展與潛水醫學密不可分，潛水夫病又叫減壓症，奇美醫學中心高壓氧科主任、也是中華民國高壓暨海底醫學會榮譽理事長牛柯琪說明，潛水員下潛時，為了對抗水壓給胸部的壓力，需由水肺呼吸高壓空氣，於是大量氮氣逐漸溶入組織，若未遵循減壓程序即上升，身體四周壓力突然減少，溶入組織的氮氣便快速釋放，形成氮氣氣泡，氣泡在組織間隙或血管內形成壓迫、堆積和阻塞，造成減壓症。

減壓症形成也可用波以耳定律（Boyle's Law）解釋，當溫度及總體積不變，氣體容量與壓力成反比，這可以說明，身體四周壓力變小，氣體體積急遽膨脹，無法排出，造成嚴重傷害。

減壓症有如人為的空氣栓塞症，高壓氧治療減壓症的原理，一是加壓會使組織內氮氣氣泡縮小，而原先被阻塞的血管、組織會因此改善血液供應，此時再予以高壓純氧，經由血漿輸送到周邊組織，改善腦部缺血、缺氧及水腫。

至於常聽到的一氧化碳中毒，三總海底暨高壓氧醫學部主治醫師陳紹原說明，一氧化碳和血紅素的結合能力足足是氧氣的200倍以

上，在一般狀況下，氧氣絕對無法與之抗衡，但在高壓氧的治療劑量下，供給體內的氧氣濃度可能高達平時的20倍，有機會奪回血紅素的主導權，讓一氧化碳從體內「邪靈退散」。

氧氣也是殺敵白血球的大力丸

牛柯琪說，負責殺菌的白血球在吞噬細菌時，釋出氧化游離基，此時耗氧量是平時的15倍，透過高壓氧運送到血漿和組織的大量氧氣，正提供殺敵白血球能量；另外，組織缺氧，細胞無法新陳代謝，水分滯留細胞中無法排除，水腫於是產生，高壓氧供應後，可使血管收縮，減輕水腫。

牛柯琪也強調，高壓氧雖神奇，但並非萬能，除了潛水夫病和一氧化碳中毒，對於複雜難癒傷口、骨髓炎等感染，高壓氧治療居輔助角色，傳統抗生素、外科處理、營養補充等缺一不可。

別喝汽水　假牙、珠寶禁入艙

高壓氧治療為維持高壓，必須在特製的密閉空間進行，雖然高壓氧治療已有相當的歷史，但純氧畢竟是易燃物，防火規範也異常嚴格。

三總海底暨高壓氧醫學部主治醫師陳紹原說，高壓艙有單人及多人之分，視患者狀況決定使用，一般來說，活動自如、治療所需時間相同的患者可坐在多人艙中，經由面罩呼吸純氧，有人還可以帶著書本進去，邊看書邊接受治療；至於較嚴重、治療療程、時間與他人不同的患者，通常在單人艙接受治療。

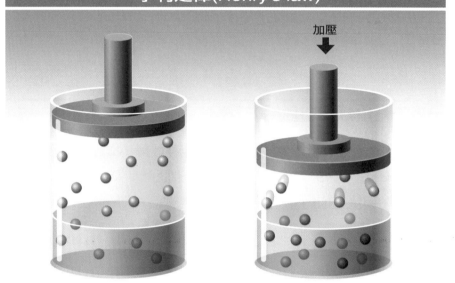

亨利定律(Henry's law)

加壓

氣體溶解度應與氣體分壓成正比
右側顯示，壓力增加時，會有更多的氣體溶解在液體裡。
資料來源／陳紹原醫師　　　　　繪圖／曾隆明

多人艙多半有螢幕可監測艙內狀況，單人艙若為壓克力材質，醫護人員可以直接看到躺在艙內的病患。不論是單人還是多人艙，隨時都有有經驗的醫護人員在外監測，務求安全，並減少可能的併發症，達到理想療效。

患者在進艙前會拿到一張注意事項，內容包括不可擦髮油、定型液、化妝品、口紅、乳液、軟膏、古龍水等，更不能攜帶火柴、暖爐、香菸、打火機、助聽器、珠寶、假牙等入艙，以免引起爆炸；治療前一小時禁食汽水、啤酒等碳酸飲料、避免因空氣膨脹造成腸胃不適。

高壓氧治療過程中，可能因壓力上升感到耳膜鼓脹，可用手捏鼻，閉嘴再用力吐氣，吞口水，使悶脹感消失。有人會有耳鳴、視力

障礙、嘔吐，甚至抽筋等氧氣中毒症狀，一旦停止純氧供應，症狀會消失。減壓時將口張開或吞口水，保持正常呼吸即可。

你Q我A

Q：高壓氧用在美容的成效？
A： 高壓氧的美容效果未經實證醫學，無法證明真的有效，也未被列入高氧壓治療的適應症。另外，高壓氧並非毫無風險，畢竟高濃度氧氣代表高度易燃，高壓氧設置、操作都有一定準則，醫界並不建議為了愛美，承擔如此高度風險。

Q：高氧壓一定要用純氧嗎？
A： 三總曾經做過動物實驗，只給高濃度的氧氣或是只給予高度的壓力，完全沒有療效，證實高壓氧要有治療效果，壓力和氧氣都不可或缺。

Q：吸純氧是不是比較好？
A： 造物主決定空氣中僅有五分之一是氧氣，自有道理。高濃度的氧氣固然可讓人產生欣快感，覺得精神抖擻，但人體呼吸需要靠二氧化碳刺激，長期處在高濃度氧氣下，對於慢性阻塞性肺疾病患者，可能會導致忘記呼吸。而氧氣也可能對腦神經過度刺激，以腦部細胞不正常放電的癲癇患者來說，可能對氧氣反應更強，所以不適合接受高壓氧治療。（資料提供／陳紹原醫師）

必學單字大閱兵

Hyperbaric oxygen therapy 高壓氧治療

Hyperbaric chamber 高壓艙

Hypoxia 缺氧

Air or Gas Embolism 氣體栓塞

Osteomyelitis 骨髓炎

Decompression Sickness 潛水夫病

chapter 13

探索外太空　動物當先鋒

太空先鋒

◎郭錦萍

　　2007年12月，俄羅斯太空研究所為半世紀前的第一隻上太空的狗「萊依卡」，舉行紀念碑揭幕儀式，感謝牠為人類太空實驗所做的貢獻。

　　早期在太空做的生物實驗愛用靈長類等高等動物，但近幾年因保育人士請命，加上高等動物變數太多，太空生物實驗的對象有了很大轉變。

　　這些生物不論大小、高等或低等，都是讓我們更了解外太空環境的無名英雄。

太空實驗　為移民準備

　　國防醫學院航太醫學研究所副教授何振文指出，所有的太空生物實驗最基本的目的，都是為了若未來人類移民太空或其他星球而做準備，不過因為太空實驗成本昂貴，有能力做的國家沒幾個，而且太空艙的空間也有限，要進行的實驗種類很多，生物實驗的數量算起來很

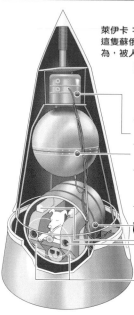

萊伊卡:第一隻進入地球軌道的動物
這隻蘇俄混種母狗因為進入外太空而成名,但是許多主張動物福利的人士認為,被人送上太空為科學犧牲的動物很多,萊伊卡不過是其中最出名的

史潑尼克2號

1957年11月3日升空,是第2艘進入地球軌道的太空船(10月4日史潑尼克1號升空)

測量紫外線、X光輻射的儀器

無線電發射機、其他科學儀器

重量:508.3公斤
長度:4公尺
底部直徑:2公尺

1958年4月14日重返地球

萊伊卡的加壓艙

■ 熱度控制系統
■ 放出氧氣
■ 提供氧氣的空氣再生系統

乘客:混種狗萊伊卡

重量:6公斤
搭乘史潑尼克2號進入太空,讓學者研究生物在太空中的行為

▶ 升空之前,接受在太空艙中安坐的訓練,體驗火箭升空模擬情況

▶ 身穿附有感應器的太空衣,能監測心跳、血壓與呼吸狀況

原始報告
(未受質疑長達45年)
▶ 萊伊卡完成7天的任務,研究人員餵牠有毒食物之後平靜死去,符合原先計畫

2002年的報告
▶ 史潑尼克2號與火箭分離時,隔熱罩部分脫落,造成艙內溫度升高
▶ 萊伊卡的心跳速度變成正常速度的3倍
▶ 萊伊卡在火箭升空幾個小時後,因休克與熱衰竭而死

■ 長度:80公分
　直徑:64公分
■ 艙體密封,但有足夠空間讓萊伊卡站立或躺下
■ 裝有電視攝影機
■ 艙內有膠狀的食物、水
■ 艙體由鋁合金製成,可以吸收適量的太陽輻射

有限。

　　像台灣的太空發展工作都只是在發射火箭的階段,太空生物實驗就離我們更遙遠了。

動物升空　須反覆模擬

　　美國太空總署(NASA)的科學家也說,雖然他們在地表為送動物上太空做了很多事前準備,但實際能上太空梭動物的種類和次數,其實不多,因為機會很珍貴,所以事前事後都要做很多準備、模擬、反覆練習。

歷來由人類送上太空的動物

太空動物
萊伊卡是眾多被人送上太空的動物之一，其他動物包括

1958
松鼠猴「歌多」(美國) 重新進入大氣層時仍存活，但在太空船降落海中時死亡

1963
貓「菲力克斯」(法國)在腦部植入電極後仍存活

1980年代
螞蟻、蚯蚓，有一隻猴子在空中掙脫降落傘背帶

1990年代
螞蟻、蚯蚓、猴子1998年哥倫比亞號太空梭：搭載2,000個標本，在16天的任務中進行廣泛的神經學實驗，對象包括蝸牛、魚

1959
恆河猴「山姆」(美國)在大西洋上活著找回

1970年代
兔子、烏龜、水母、蟑螂、蛙類，還有實驗研究在零重力狀態下魚類如何游水，蜘蛛怎樣結網

法新社
資料來源：美國太空總署、新科學家「今日太空」網站

科學家解釋，即使是電腦運算推估能力進展神速的今天，在失重或微重力環境下的生物狀況，有時還是非觀察動物不可，連人都做不來。

因為有些神經學實驗必須全天候進行，且為維持條件一致必須從頭到尾吃相同食物，這些都是太空人做不到的。

但要讓動物安全進入太空，還能活得健康，讓人觀察、記錄牠們的生活狀況，要預備的事比想像中多。

舉例來說，在地球上，飼養老鼠只要有個籠子、一盆乾飼料和一碗水就好了，但是一旦到了太空，無重力環境會讓老鼠、飼料和水全飄起來。

所以研究人員必須為老鼠設計特殊的壓縮食物條、增壓給水容器，還有老鼠專用的太空吸便器。

2007年9月俄國太空總署選了10隻沙鼠進太空做12天的實驗，目的是為測試前往火星的旅程可能對人體的影響。

之所以選用沙鼠，就是因為牠們和其他的鼠類比起來，不喝水可

以存活的時間相對非常長，牠們能夠一個月都不喝水。除此之外，沙鼠的排泄物也很少，而且喜歡群居，在白天的時候非常活躍，不像大部分鼠類的活動力集中在夜晚。

太空飛鼠 5分鐘適應

當動物進入無重力狀況，適應情形讓科學家嘖嘖稱奇。

根據NASA的研究人員在網站上的文章表示，「非常神奇，牠們幾乎立刻就適應了。」

有些老鼠在太空中只飄了五分鐘，就找到了適應方法，知道該如何吃食物、清理自己。

不過對於有些剛出生的哺乳類動物和牠們的媽媽，問題就會多一點了。在地球上，這類剛出生的小動物往往會緊捉著媽媽取暖，而媽媽也大多會把孩子抱在懷裡餵奶，但是在太空中的微重力環境下，小動物不管是要捉住媽媽取暖，或是媽媽要給孩子餵奶都要花費不少工夫。

魚類蝌蚪 繞圈圈游泳

至於其他較低等的動物，根據NASA所公布的資料，魚類和蝌蚪在太空時，不像在地球時會直線前進，幾乎都變成繞圈（loop）式游法，但若用光照射，牠們會把光當成導引源而游過去。

1998年時，美國哥倫比亞號的太空人首次在太空梭進行解剖實驗。

把老鼠放置在密封容器內，老鼠都用帶子固定位置，以免牠們在

容器內飄浮。太空人先把容器注滿麻醉氣體，再把懷孕老鼠的頭切下來，取出腦袋，把神經組織取出存好。

這項實驗是用來研究動物神經細胞，在無重力狀態時的變化，及太空旅行對動物神經系統的影響。

那次旅程中，共帶了170隻老鼠（其中18隻懷孕）、4條蟾魚、229條劍魚、60隻蝸牛和1500隻蟋蟀，總共做了26項神經實驗。

細菌上太空 強3倍

167個基因改變作用 沙門氏桿菌毒性變強

美國生物學家的研究顯示，從太空歸來的沙門氏桿菌的殺傷力，幾乎是地球同類的三倍。

根據美國國家科學學院刊登的研究報告，2006年9月，亞特蘭提斯號太空梭將一批沙門氏菌帶入太空。

升空後，太空人將存放在密封容器中的細菌放入培育箱，其間經過12天的繞地球飛行。

亞利桑那州立大學生物設計研究所人員，隨後分析去過太空和與地面環境下培育的沙門氏菌的毒性比較，結果發現對老鼠的殺傷力前者幾乎是後者的三倍。

沙門氏菌是腸道常見的細菌，但若出現在腸道以外，極易引起食物中毒，症狀包括發燒、腹瀉和胃痛，如果感染者免疫力低下會有致命危險，目前還沒有針對這種細菌的疫苗。

實驗顯示，太空的微重力環境對Hfq細胞內的流體造成變化，使得沙門氏菌有167個基因，將會在太空中改變作用程式，才使得其毒性變強。

不過研究人員認為，這項發現將有助於促進新型抗生素的開發。

植物上太空 會轉彎

在地球直直長的角齒蘚 太空歸來變螺旋狀

根據美國俄亥俄州立大學生物學教授Fred Sack領軍的實驗團隊之前在《植物期刊》（Planta）所發表的論文，植物在太空無重力狀態下的生長，與在地球上的生長是完全不相同的。

他們曾兩度利用太空梭裝載常見的苔蘚類植物「角齒蘚」，結果苔蘚在太空時竟逐漸長成順時針螺旋狀。

這項實驗於1997年與2003年初各進行過一次。學者解釋，角齒蘚「尖端細胞（tip cells）」的成長會受到重力影響，不過因為光線對植物的生長多於重力影響，所以這種螺旋狀現象只出現在苔蘚在黑暗無光、無重力的環境中時。

角齒蘚是很常見且原始的植物，有些甚至在老房子的屋頂上就可以見到。

學者指出，在地球重力下，植物的根有向地性、莖則有背地性，也就是會受重力影響的細胞，大多集中在根或莖；但因為苔蘚是由單一細胞組成，能感受與回應重力影響的都是同一個細胞，所以在地球上會直線往遠離地心的方向生長。

但是在太空時，幾乎沒有重力干擾，成鏈狀生長的尖端細胞，會拚命冒出土壤想尋找光線。

科學家原本預期這些苔蘚的生長應是不規律、無方向性的，就像其他在太空中進行的植物生長實驗一樣。

Sack等人在太空梭回地球後拆開裝載苔蘚的容器，這才發現它們居然成側向、輪輻狀散開且螺旋狀方式生長。

現在，科學家比較有興趣的課題是：苔蘚從未經歷過這種生長方式，為何到了太空就會不一樣？

或許螺旋狀是角齒蘚適應地球重力之前的原始生長方式，只是現今已因演化而退化。

升空遇爆炸　線蟲還活著

2003年1月，美國「哥倫比亞」號太空梭在升空過程爆炸失事、七名太空人罹難，這起事件震驚全世界，但神奇的是，那次並不是所有艙內的生物都死掉。

大約是事故發生40多天後，研究人員從太空梭殘骸裡，發現原本要帶上太空做實驗的線蟲竟然還活著。

由於線蟲平均壽命只有10天，所以被發現的線蟲推測應是最初實驗樣本的子代。

至於為什麼會選線蟲到太空觀察？

線蟲以細菌維生，成蟲只有0.1公分，一般生長在土壤的含水層。這種簡單的小生物在發育過程最多不過1090個細胞，成蟲時則會減為950個細胞，因此很多細胞研究都很愛用構造簡單、容易操控突變的線蟲當實驗對象。

2002、2006年諾貝爾生物醫學獎都是頒給用小線蟲找到大道理的科學家。

必學單字大閱兵

zero gravity 無重力

space shuttle太空梭

astronaut 太空人

orbit 繞軌道飛行

tadpole 蝌蚪

primates 靈長類

bryophyta 苔蘚植物

chapter 14

木乃伊製作術　千年演進

木乃伊解祕

◎楊正敏

　　全世界最有名的木乃伊，當數高齡三千多歲的古埃及法老王圖坦卡門，最近連他木乃伊裡的生殖器未見蹤影，都成了學者要追查的題目。

　　其實木乃伊在各國都不算罕見，但因古埃及人發展出一套繁複的製作程序，一開始讓大家覺得神祕，但台中國立科學博物館人類學組主任何傳坤說，古埃及人製作木乃伊的技術其實是在近千年中慢慢演進，經過無數試驗，才逐漸成熟。

只留心臟　泡鹼脫水

　　何傳坤說，前王朝時期（約6000年前）的埃及，只是在沙漠中

木乃伊製作步驟

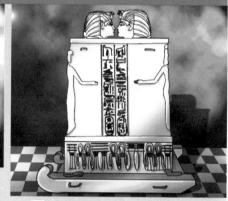

1 先移除心臟以外的內臟，泡鹼去除多餘水分。

2 將內臟放到陶罐中，再放到卡諾皮克箱中。

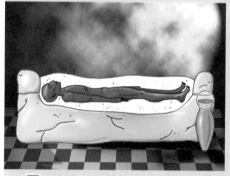

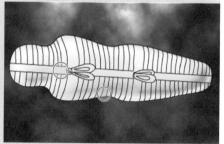

3 遺體塗抹泡鹼，靜置30到40天脫水，再清洗塗抹香料。

4 遺體用浸過香油的亞麻布層層包裹，放入人形棺中。

資料來源／取材於網路

隨便挖個洞埋葬死者，其乾燥的氣候及沙土自然會讓屍體的保存十分完整。

接下來，埃及人開始在墓穴上下功夫，想藉由墓穴的保護，能讓屍體得到更完整的保存。

但是他們後來發現，無論建造何種墓穴，只要少了沙土的保護，屍體就會快速腐爛，於是他們想到用塗上樹脂的布條纏裹，隔離屍體與周遭環境，並且還可以保留死者形體。

到了第三王朝（西元前2700到2200年），埃及人開始移除死者的內臟；而到了中王國時期（西元前2060到1785年），移除內臟和用泡鹼保持屍體乾燥的方法逐漸普及。

但一直要到新王國時期（西元前1580到1090年），木乃伊製作技術才有了長足進步。

木乃伊——mummy一詞源自於阿拉伯文的瀝青——mummiya，因為中世紀的阿拉伯人，看到木乃伊身上塗著黑色的油脂，很像瀝青的緣故。

位高權重 保存手法越講究

何傳坤說，瀝青、焦油這類的物質，主要的功能是固定木乃伊的位置，並非木乃伊不腐的主要原因。

埃及人製作木乃伊的步驟，大致是：

一、在腹部開口，依序取出肝、胃、腸、肺，之後將取出的器官清洗、脫水、裝罐。

二、將銅桿伸入左鼻孔，並打穿鼻腔與顱前窩，將骨頭取出。

三、屍體重新縫合，以泡鹼覆蓋，去除屍體水分，約40天。

四、屍體塗上香脂，放入填充物。

五、進行繁複的包裹步驟，主祭者則要一邊念出咒語。每層都要放護身符，再用樹脂固定，最後包上一塊亞麻布，再用布帶子綁起來。

六、為木乃伊戴上面具再放入棺材，只有法老王和顯貴特別使用石棺。

何傳坤說，越是位高權重的人，屍體保存的手法就會越講究，木乃伊也就更為精緻。

現代也有許多重要人物在死後為了供人瞻仰，將屍體保存下來，如中國的毛澤東跟俄國的史達林。

動物木乃伊　包裹也精細

何傳坤表示，埃及人的觀念裡，要為亡者提供如生前一般的死後世界，人的生活中有動物，就一起把動物做成木乃伊，與人一起在陰間生活。

因為這樣的觀念，埃及人幾乎什麼動物都可以做成木乃伊，不只有生活中常見的貓、狗，甚至還有鱷魚，有些動物的木乃伊做工精緻，包裹得也十分精細。

年輕法老王　當年死因成謎　斷層掃描解祕

去世已三千多年的埃及最有名法老王——「圖坦卡門」，前一陣子又成了全球媒體的焦點。

原因之一是開羅博物館決定把他木乃伊的面具摘下，讓他以真面目示人。

原因之二是學者最近比較1926年與1968年拍攝的圖坦卡門遺體X光片，發現法老的生殖器居然被偷了。

國立科學博物館人類學組主任何傳坤說，圖坦卡門王並不是第一次卸下面具以真面目示人，過去的考古學家就曾經看過他的廬山真面目。

圖坦卡門的陵墓和木乃伊是在1922年由英國的考古學家卡特發現，被稱為是埃及考古學上最重大的發現，圖坦卡門重達110公斤的黃金棺與繪有他俊俏面容的黃金面具，也使他立刻成為知名度最高的法老王。

在這之前他在帝王谷已長眠了三千多年，沒被盜墓者打擾，遺體完整無缺。

圖坦卡門的遺體製成木乃伊時，仍保有生殖器，開羅大學的美國學者最近透過比對不同年代照的X光片，法老不但生殖器消失，另有多根肋骨斷裂，推估可能是二次大戰期間的盜墓者為了取得圖坦卡門胸前鑲滿寶石的項圈造成。

學者指出，古埃及製作木乃伊的師傅，習慣在屍身塗抹黏性很強的黑色樹脂，因此造成陪葬的珠寶項圈與圖坦卡門的遺體牢牢黏在一起。

有人認為，盜墓者盜走圖坦卡門的生殖器，是為了壯陽緣故，因此失蹤的生殖器可能已經被磨成粉末，當作壯陽藥服食了。

也有人說，二次大戰期間，身在北非的英國士兵私自帶回家當作紀念品了。

圖坦卡門在非常年輕、壯健的年紀，不到二十歲就死亡，他的死因也由此眾說紛紜。

過去最流行的說法是可能被毒死。但近年利用科學「健檢」後發現，圖坦卡門應該是狩獵時意外死亡。

何傳坤說，早期木乃伊研究手法很粗糙，造成不少破壞，近些年有許多先進科技，讓科學家可以不破壞木乃伊，現在研究木乃伊除了X光，還要用電腦斷層掃描留下紀錄。科博館也有一具木乃伊，就做過全身斷層掃描。

斷層掃描等影像技術的研究，幫助科學家了解古代埃及人的健康狀態，例如發現一位法老有動脈硬化，發現埃及人關節疾病相當普遍等，有時也能判斷木乃伊的真正死因。

台版木乃伊　吃素、禁食……高僧坐缸　肉身不壞

台北醫學大學解剖學科主任馮琮涵說，死亡是細胞缺氧、慢慢脫掉瓦解的過程，遺體防腐，就是使整個瓦解的過程變得十分緩慢。無論相關技術如何演變，為了保存遺體，首先就是要去除水分。

不過國立科學博物館人類學組主任何傳坤說，木乃伊防腐的關鍵，應該是「泡鹼」。

泡鹼是碳酸鈉和碳酸氫鈉混合劑，作用就好像鹽，可去除多餘的水分，保持乾燥。

馮琮涵說，遺體保存跟食物保存很像，以鹽醃製的食品，可以去除多餘的水分，就能保存比較久的時間。

他解釋，含水量高的環境，適合細菌孳生，人體內外都有許多細菌，而內臟含水量特別高，人死後細菌就開始大量孳生，慢慢分解蛋白質。古埃及人製作木乃伊，會先把內臟取出，可能就是這個原因。

至於得道高僧坐缸，為什麼能不經特殊處理，產生肉身不壞？馮琮涵認為，目前或許還沒有辦法找出真正的原因，但可能是跟高僧吃素、五穀雜糧，含水量不高，加上纖維素豐富，腸胃道比較乾淨，腐壞的速度較慢有關。

再加上很多高僧坐缸前就禁食，身體也會有脫水的現象，水分變少，不利細菌孳生。

不少高僧坐缸往生後，遺體會再處理過，塗上金漆，也有隔絕空

氣，保持遺體乾燥的效果。

　　不過，去除水分不代表東西就不會腐壞。馮琮涵說，像臘肉，用鹽醃製，再加上風乾，比生鮮的肉類要乾燥許多，因此可以放一段時間不會腐壞，但還是會壞掉，因此遺體的防腐，只是減緩腐化的速度而已。

　　目前的屍體防腐主要是用藥物，最常見的是福馬林與酒精調成的防腐液。馮琮涵說，現在的作法是把防腐液注射到屍體內，更多的液體照理說應該會使屍體更快腐化，但是酒精其實有脫水的作用，它會滲透到細胞中，把水置換出來，同時也把福馬林帶進去。

　　他解釋，防腐液的作用是破壞蛋白質的連結，細菌難以繁殖，達到防腐的效果。

裹屍亞麻布　超過1.6公里

　　古埃及法老及達官貴人的木乃伊，製作不僅費時（國王要數個月才能完成），且花費驚人，因為要用到各種藥品、香料、避邪物、護身符等。包一個屍體，至少就要用掉1.6公里的亞麻布。至於窮人的木乃伊大多草草了事，只要幾天就可以做好。

木乃伊磨粉　被當成神藥肥料

照理說，古埃及人什麼都要做成木乃伊，應該會留下龐大的木乃伊數量才對。

但從中世紀就開始出現各式木乃伊迷信，所以在文藝復興時代，人們將許多出土的木乃伊磨成藥粉吞下肚，認為它對健康有神奇的效果。

光在20世紀初期，就有將近30萬個貓木乃伊被運到英國，磨成粉當作肥料，所以現在埃及的貓木乃伊才會所剩無幾，想要看木乃伊就只能到開羅博物館看了。

翻翻考古題

九十二年學測／自然

27. 下列有關生物圈中氮循環的敘述，哪些正確？

(A) 陸地上生物體的氮大多來自植物體的蛋白質。
(B) 硝酸鹽經脫碳作用將氮送回大氣。
(C) 氨溶於水可為植物體利用。
(D) 大氣中的氮經固氮作用形成亞硝酸鹽。
(E) 動物屍體經細菌及黴菌分解為硝酸鹽稱為氨化作用。

必學單字大閱兵

pharaoh 法老
mummy 木乃伊
mummification 木乃伊化
natron 泡鹼
coffin 棺
eternity 永恆、不朽、來世
canopic jars 卡諾皮克罐，用來裝木乃伊內臟的陶罐
decomposition 分解、腐爛

chapter 15

誰在飆車！0.3秒就知道

雷達測速

◎李承宇

　　日前新竹縣關西鎮有台雷達測速儀「秀逗」，一輛慢速行駛的大型車卻被測到時速117公里，引發不小質疑。

　　測量速度的方法很多，包括感應線圈、紅外線、雷達以及雷射測速等。

　　其中，雷達及雷射測速因儀器容易攜帶且精準度高，是現在最常用的交通測速工具。

　　交通大學運輸科技與管理系副教授吳宗修表示，測速器不管用哪種方法，基本原理都一樣，即測出行進物體在經過兩個點的距離，再除以通過這兩點所花的時間，就可算出車速。

雷達測速　都卜勒效應

　　雷達測速的基本原理是應用「都卜勒效應」，持續穩定發射的無線電波在行進時，碰到物體會反射，若無線電波碰到的物體是固定不動的，反射回來的無線電波波長就不會改變，但若是物體是朝著無線

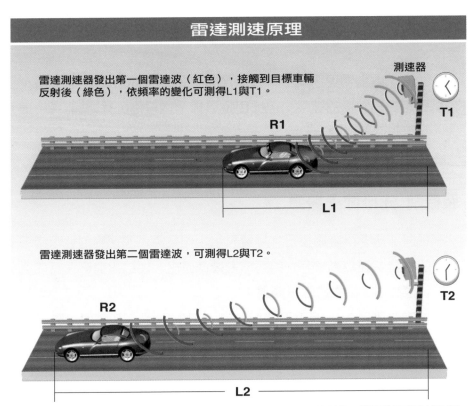

雷達測速原理

雷達測速器發出第一個雷達波（紅色），接觸到目標車輛
反射後（綠色），依頻率的變化可測得L1與T1。

測速器

R1

T1

L1

雷達測速器發出第二個雷達波，可測得L2與T2。

T2

R2

L2

測速器所測得的速度，即車輛在R1與R2兩點間的瞬間速度，就是將兩點間的距離除以車輛
經過所花的時間，也就是 (L2-L1) / (T2-T1)　　資料來源／交大運輸科技與管理系副教授吳宗修

電波發射的方向前進或遠離，則反射的無線電波波長都會因此發生變
化，藉此即可依特定的比例關係，算出該移動物體與雷達的相對移動
速度。

雷射測速 算移動距離

吳宗修說，雷射測速是利用雷射光的多次碰撞移動物體，再計算

移動物體於特定時間內移動的距離，計算物體與測速系統的相對移動速度。

通常，雷射測速系統必須在連續偵測到2至3次相似的速度時，才能確定此為該車的速度，但即使是這樣，也只需0.3秒就能算出車速。雷達測速器則需2到3秒。

裝機前 先排除干擾源

經濟部標準檢驗局技正林靜賢表示，如果雷達測速器附近有頻率接近的聲音、強烈光線等，都可能影響準確度，所以設置測速器前須先做實際評估，或先排除干擾源。

吳宗修則認為，環境干擾源對測速器的影響，在學理上雖不能被完全排除，但測速儀器本身的「功能失準」更可能造成測速器測不準。

例如：下雨天水氣滲入造成失準；也有可能測速器前端硬體沒問題，是後端計算軟體出狀況，所以這些涉及公權力的儀器都須不時校正，才能公正執法。

感應線圈 地底的超速剋星

除了雷達與雷射測速器之外，還有另一種固定式的測速法，就是在車道下埋設兩個會產生形成電流磁場的迴圈，迴圈彼此間隔約2到3公尺。

當汽、機車等帶有金屬的目標物通過時會形成磁場，將磁場產生的訊號傳遞到微電腦儀器中，藉由計算車輛通過兩個迴圈間的時間

就可算出瞬間速度。除了測量速度外，分析通過車輛所產生磁場的波紋，甚至可以研判出車型。

交通大學運輸科技與管理系副教授吳宗修表示，「感應線圈測速」的前身是「壓力皮管法」，原理都相同，在一定間隔放置兩條橡膠皮管，車輛壓過橡皮管時，管中的氣壓改變，儀器在偵測到氣壓變化的訊號後，測得車輛通過兩條皮管的時間差。

「遮斷式雷射測速法」也是利用相同原理，只是以兩道雷射光束取代兩條橡皮管，且兩道雷射光束間的間隔距離可以縮短到60、70公分，測量的結果更精準。

運用雷射光束的好處是不會有壓力皮管或線圈損壞的情形；相較於路旁的雷達或雷射測速器，「遮斷式雷射測速」也不會對車輛駕駛人產生干擾，使其注意力分散而影響行車安全。

吳宗修說，應用在交通上的感應器除了用來測速外，也有許多是用在計算車流量、啟動號誌等功能上。

他以感應線圈的原理為例，說明國外常見的一種「交通啟動式號誌」（traffic activated signal）。

在交通不繁忙的支道進入幹道路口，交通號誌正常狀況是顯示紅燈。當有車輛經過支道路口，觸動車道下的感應線圈後發出訊號，交通號誌會在十秒鐘後自動顯示綠燈，讓車輛通行。這樣既可保持幹道的交通暢通，又能使支道的車輛有效率地進入幹道。

前方有測速照相，請減速……

地瓜機 語音警告躲測速

警方用雷達、雷射、感應線圈等各種裝置取締車輛超速，市面上

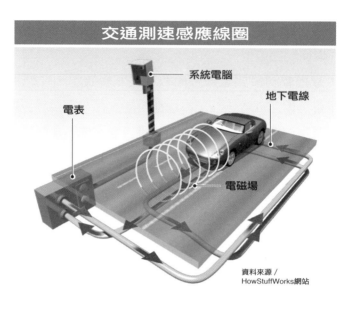

交通測速感應線圈

系統電腦

地下電線

電表

電磁場

資料來源 /
HowStuffWorks網站

就有各種反制商品,如「雷達測速器」、「P頻機」或「地瓜機」。

交通大學運輸科技與管理系副教授吳宗修說,俗稱的「雷達偵測器」正確的名稱應該叫做「交通執法預警訊號發射器」,它能預先偵測到前方有測速裝置,而預先發出「前方有測速照相,最高速限XX公里」之類的警告。這種偵測器可分為「直接預警式」與「間接預警式」。

吳宗修解釋,直接預警式偵測器可直接偵測到警方測速裝置所發出的雷達訊號。由於國際間通用的警用測速裝置發出的頻率不外乎X頻、K頻、Ku頻等幾種,「直接預警式偵測器」就能針對這幾種頻率進行偵測。因此,只要是雷達測速器,無論是固定的或是流動性的都可以偵測到。

另一種民間廣為使用的是俗稱「地瓜機」的「間接預警式偵測器」。這種偵測器無法直接接收雷達測速器所發出的雷達波,而是接

收業者在各路段測速裝置附近埋設的訊號發射器所發出的訊號來示警。

　　一般而言，交通執法用測速器的發射範圍半徑約50到60公尺，業者會將能發出頻率訊號的「地瓜機」埋在距測速器前方500公尺到1公里處。這類偵測器對固定式的測速裝置有一定的效果，只要業者在測速器前埋有「地瓜機」，無論是雷達測速器或感應線圈式的測速器，車輛上的接收器都能收到預警訊號。

雷達測行蹤　英軍擊倒德軍

　　雷達概念最早可追溯到19世紀。證實電磁波存在的德國科學家赫茲（Heinrich Rudolf Hertz）當時就已經發現電磁波在傳遞過程中遇到金屬物會反射回來。但雷達最早的應用卻是在戰爭上。

　　第一次世界大戰期間，軍用飛機出現，美、英、法等國積極研發能夠在遠方就能偵測到敵機的儀器——雷達。

　　1935年，英國物理學家沃特森・瓦特（Watterson Watt）發明史上第一台既能發射無線電波，又能接收反射波的雷達裝置，並在1938年組建世界上最早的防空雷達網。

　　在第二次世界大戰期間，雷達就已出現地對空、空對地、空對空、敵我識別等功能。

　　雷達嶄露頭角是在第二次世界大戰英、德空軍戰場上。

　　在1940年的不列顛空戰中，德國空軍派遣軍機突襲英倫海峽及英國本土，但是在進入英國領空前，英國雷達就已經偵測到德機行蹤，於是派遣戰鬥機升空迎敵，最後英軍以700架戰鬥機擊退德軍2000架轟炸機。

二次大戰後隨著科技進步，雷達開始用在更多和平用途上。例如機場雷達可以讓導航人員清楚掌握上空飛機的狀況，藉此引導飛機安全起降。飛機上的導航雷達可以讓駕駛了解航線上、機場的狀況，確保在晚上或天候惡劣時的飛航安全。氣象雷達則可探測天空的雲層、移動方向和速度等，用來預測天氣、偵測暴風雨。

測速器 怎測速？

　　雷射測速裝置以15Hz頻率（每秒15次）運作，光速是30萬／sec。

1.第一次雷射光束發射出去後，經0.000001333秒後再反射回來。所以第一次雷射光經反彈來回所走的距離為： 300,000,000（m／s）x0.000001333（s）=399（m）

2.雷射系統與車輛的相對距離為199.5m。

3.經1／15秒後，第二次雷射光束再對移動當中的車輛測量相對距離，經0.000001325秒後再被車輛反射回來，顯示雷射系統與車輛距離為：

　　300,000,000（m／s）x 0.000001325（s）／2=198.75（m）

4.即1／15間車輛移動0.75m（199.5-198.75），所以車輛速度為：

　　　　0.75m x 15 x 60 x 60＝40.5Km／h

46. 一警車接獲搶案通報後，以最高車速40公尺／秒（144公里／時），沿直線道路趕往搶案現場。當警車距離搶匪250公尺時，搶匪開始駕車從靜止以4公尺／秒²的加速度，沿同一道路向東逃逸。警車保持其最高車速，繼續追逐匪車。若匪車最高車速也是40公尺／秒，則下列敘述哪幾項正確？（應選三項）

(A) 搶匪駕車10秒後被警車追上
(B) 兩車相距最近距離為50公尺
(C) 搶匪駕車從靜止經過10秒，前進了200公尺
(D) 搶匪駕車從靜止經過10秒，車速為40公尺／秒
(E) 追逐過程警車引擎持續運轉，警車的動能持續增加

必學單字大閱兵

speeding 超速
speed measurement 測速器
interference 干擾

induction loop 感應線圈
traffic violation 交通違規

正確答案　46題：（B、C、D）

chapter 16

蟑螂學習力 夜強晝弱

昆蟲記憶與學習

◎楊正敏

　　根據美國范德堡大學的研究，蟑螂夜晚的學習能力優於白天，證明生理時鐘可以影響昆蟲的學習能力。

　　研究利用薄荷味與糖水相關聯的手法使蟑螂學習喜歡薄荷味，並

在一天中不同時間訓練，發現蟑螂在傍晚的學習效果最好，晚上的學習能力也不錯，但早上幾乎不能學習。而在晚上學習的記憶，甚至可以持續到早上。

　　前台灣師範大學生命科學系教授林金盾說，蟑螂是夜行性的生物，因此視覺退化，嗅覺與其他的感官相對發達，一到了晚上，活動

▲很多人都怕蟑螂，但學者說，蟑螂不但會學習、有記憶，而且很愛乾淨。
　圖中是台北市立動物園舉辦蟑螂特展時的情形。

力強，感覺也都活躍起來，學習的效果也比較好。

現在有不少大學生早上起不來，上課老遲到，是不是這類人晚上較聰明？

林金盾說，人類的生理時鐘和蟑螂不同。人基本上是日行性動物，因此視覺較佳，觸覺、聽覺與嗅覺相較之下比較不發達，既然靠視覺，視覺就是學習的主要感官，沒有燈光，視覺就發揮不了作用。

現在很多人越晚精神越好，陽明大學腦科學研究所所長郭博昭認為，那是因為百年前愛迪生發明了電燈，讓晚上可以跟白天一樣，有光照耀，人類可以繼續活動。

郭博昭說，在照明不發達的年代，人類晚上活動的時間較少，甚至更久遠前是日出而作日落而息。現代人類因為有電燈，不分白天黑夜都可以工作，但不見得會跟蟑螂一樣，變得晚上比較有效率，甚至還可能因為睡眠不足，造成學習低落。

由於越來越多小朋友早上無法早起上學，有些學者建議學校晚一點上課，但郭博昭認為，現在小朋友沒辦法起床，是因為現代生活有電燈，還有電腦，讓他們不想睡覺，所以早上才起不了床，早晨的學習效果差。

郭博昭說：「就算延到9點、10點才開始上課也一樣。小朋友可能會更晚睡，早上還是起不了床。」他認為，讓小朋友有正常的作息，充足的睡眠，比調整上課時間來得實際。

克蟑滅蟑　小強更強

家中保持清潔乾燥　蟑螂很難占地為王

蟑螂具有學習能力，是不是牠們不易在地球上滅絕的原因之一

呢？研究蟑螂已經有十多年的前師大生命科學系教授林金盾說，蟑螂雖然聰明，而且具有學習能力，但是這並非牠在地球上存活上億年的主因。

觸鬚比身長　不易打

從蟑螂的構造來看，不難發現牠們不容易被打死的原因。牠的觸鬚是身體的1.5倍長，分成170節，每一節都有許多小毛，且各司其職，可以分辨溼度、溫度、氣味，還有觸覺和痛覺，可說是個萬能偵測器。

林金盾說，蟑螂可分辨非常細微的氣味，聞到XO和紹興酒時，牠的觸鬚擺的方式不一樣。說不定蟑螂比狗還更能分辨毒品，只是現在沒有人做這樣的研究。

尾毛能感應　很難追

蟑螂的尾巴有尾毛，分成19節，每節有9根小毛，功能是感受從後方來的風。林金盾說，打蟑螂的人，總覺得追得很辛苦，那是因為當人拿著拖鞋正要「啪！」打下去時，蟑螂的尾毛已經感受到殺氣，當然就一溜煙跑了。

蟑螂是自然界的清道夫，清出可供細菌分解的物質，對生態系的循環十分重要。

全世界大概有4000種蟑螂，全台灣有75種，一般居家環境中常見的約有7種，大部分其實都生活在野外。

林金盾說，蟑螂不會比人髒，牠隨時隨地都在清潔自己，只是牠生活在生態系的底層，沾染的多半為不潔的物質，其中一小部分難免會傳染疾病，但其實量不多。

母可產萬隻 繁殖強

在生物圈中，蟑螂其實是弱小動物，天敵不少，所以都選擇晚上活動，而且為了保有族群，繁殖力超強，一隻母蟑螂一生中至少可以繁殖1萬隻蟑螂。

林金盾說，蟑螂人人喊打，但其實只要保持環境清潔，蟑螂就不會來，也就不用欺負可憐的「小強」。

他說，蟑螂性喜暗、溼、暖，所以家中明亮、清潔、乾燥，蟑螂就會往別處去，另外，家裡的東西要常移動，蟑螂就不會看上長久不清理的角落，呼朋引伴，搭起「違章建築」，然後定居下來了。

用藥殺蟑當然很快，但很容易讓蟑螂產生抗藥性，讓蟑螂更無敵、更強壯，反而不是好方法。

記憶存在哪　還是一個謎

神經元對刺激產生的關聯性 就是學習

林金盾說，人類的學習記憶產生的原理與昆蟲相去不遠，只是記憶學習移轉的機制還不是很清楚，尤其是記憶儲存在哪裡，是現在大家努力研究的方向。

林金盾說，巴夫洛夫的古典制約學習歷程，一開始是用狗當實驗。狗看到食物會流口水，聽到鈴聲不會流口水，但鈴聲和食物一起出現時，狗會流口水，經過不斷的練習，只要鈴聲出現，狗就會流口水。

他解釋，學習是透過神經元之間的訊息傳遞產生的。神經元連結

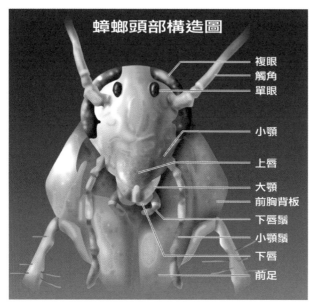

蟑螂頭部構造圖

- 複眼
- 觸角
- 單眼
- 小顎
- 上唇
- 大顎
- 前胸背板
- 下唇鬚
- 小顎鬚
- 下唇
- 前足

資料來源／中山女高生物教師蔡任圃

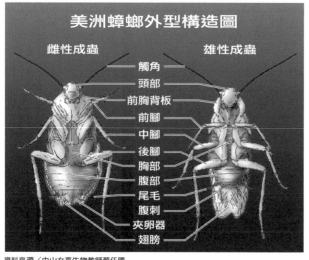

美洲蟑螂外型構造圖

雌性成蟲　　　　　　雄性成蟲

- 觸角
- 頭部
- 前胸背板
- 前腳
- 中腳
- 後腳
- 胸部
- 腹部
- 尾毛
- 腹刺
- 夾卵器
- 翅膀

資料來源／中山女高生物教師蔡任圃

成神經網絡，每個神經元都會有突觸，突觸間會有個小空隙，突觸會分泌神經傳導物質到另一個神經元。

當接受到刺激的神經元興奮時，就會開始分泌神經傳導物質傳遞訊息，訊號在神經網絡中移動，持續不停時，就會形成強化的學習；反之，參與的神經活動下降時，學習效果就會慢慢衰退。

林金盾形容，一組神經網絡負責一件事，當一個刺激來的時候，其中有幾個神經元會開始興奮，開始傳遞化學物質，形成一種「特殊的關聯性」，刺激消失，這個關聯性就消失。若刺激重複出

現，次數越多，突觸的連結越強，這個特殊的關聯性就越強，一旦刺激消失，這個關聯性也不會馬上消失，會持續一段時間，就產生學習的效果。

他說，這和人與人間的關係有點類似，認識之後很久都不碰面，自然不會太熟，下次街上碰到可能還認不出來；要是每天都會見面，自然會很熟，不太會忘記。

但神經元間對某個刺激產生的特殊關聯性，會被取代和更換，學了新的東西，舊的東西就被置換掉了。

有神經網絡　就有記憶力

不同的昆蟲　程度有差別　果蠅渦蟲　都有記憶

歐美學者發現蟑螂也有學習和記憶能力。日本另有研究發現，餵蟑螂糖水，同時讓牠聞一種特定香味，之後蟑螂就學會只要聞到這種香味，不給糖水，也會流口水。

前台灣師範大學生命科學系教授林金盾說，不只蟑螂，看似簡單的果蠅也有記憶，不過不同的昆蟲，記憶能力及學習複雜事情的能力會有程度上的差別。

早期的動物學都認為無脊椎動物是沒有學習和記憶能力的，林金盾說，後來的研究發現，只要有神經網絡，就有記憶能力，即使是低等動物如渦蟲等，也有記憶。

近年來研究昆蟲等記憶和學習能力成為一種趨勢，林金盾說，生命的基本組成都一樣，只是早年分子生物的研究還不發達，就會挑與人類比較相似的動物做實驗。

分子生物的研究發達後，發現可以從細胞研究，慢慢應用到人體上，再加上動物實驗成本高，還要顧慮動物權益，因此，科學家們開始研究世代比動物短的昆蟲。

　　果蠅就是個很好的例子。林金盾說，近年來發現果蠅的記憶原理跟人差不多，若沒有麩胺酸受器，就無法形成記憶，再加上果蠅方便做基因調控，一個世代又很短，非常適合做神經、記憶方面的研究。

　　林金盾說，以生物的本能來看，為了存活，對生命威脅的刺激往往不易遺忘。例如創傷後症候群，面臨生死關頭對人的打擊很大，神經網絡的連結特別緊密，記憶就特別深刻。

　　他甚至認為，有些人很容易「見鬼」，其實可能只是因剛看過恐怖片，或是本來就對這些事有興趣，在不知不覺中輸入很多這類資訊，然後一有風吹草動，腦子裡接收學習這類資訊的神經網絡受到刺激，就覺得看到了別人看不到的東西。

翻翻考古題

九十二年學測／自然

有些種類的青蛙，其蝌蚪在水中生活時，以水中的藻類為主食；但當水中有死魚時，牠們也會去啃食屍體。當蝌蚪變態成為青蛙時主要是以各種植食性和肉食性昆蟲為食物。下列有關青蛙終其一生，在生態環境中扮演的多重角色，何者正確？

（A）青蛙是初級消費者，也是清除者

（B）蝌蚪是初級消費者，也是分解者

（C）蝌蚪是初級消費者，也是次級消費者

（D）青蛙是次級消費者，也是三級消費者

下列何者是讓元素可以在自然環境和生物體間循環利用的關鍵？

（A）生產者和消費者

（B）消費者和分解者

（C）分解者和生產者

（D）清除者和分解者

奧國動物行為學家勞倫斯以小鵝為研究對象時，發現小鵝具有印痕行為。如果當時他用下列哪些動物做實驗，就不可能發現到像小鵝一樣的印痕行為？

（A）帝雉

（B）黃鼠狼

（C）長鬃山羊

（D）櫻花鉤吻鮭

（E）阿里山山椒魚

必學單字大閱兵

cockroach 蟑螂

classical conditioning 古典制約

neuron 神經元

cognitive 認知的

synapse 突觸

biological clock 生理時鐘

chapter 17

氣候異常 大旱滅了大唐？

抗暖化

◎郭錦萍、朱淑娟

　　近來學者不斷警告，氣候暖化可能帶來各國不同程度的災難，其中德國學者登在著名期刊《自然》上的研究報告指稱，長期乾旱等天

聯合國兩代環境議定書

蒙特婁議定書規範　　　　京都議定書規範

臭氧消耗　　　　　氣候變化

HCFCs　　CFCs　哈龍　　　PFCs　　HFCs
甲基氯仿　　　　甲基溴
　　四氯化碳

大氣清除

生產過程排放　　　　　城市消耗排放　　　　生命期結束、銷毀

利用與庫存

循環利用

資料來源／聯合國環境規劃署　　　　　繪圖／美術中心

候因素導致唐朝滅亡。

德學者 推估古代氣候

此研究是德國波茨坦氣象中心與中國研究員合作，從廣東湛江湖泊沈積物岩芯樣本，測量鈦元素含量及磁性，推估古代氣候。

學者說，正常情況下，中國的冬季季風期和夏季季風期交替，在夏季多降雨，冬季相對少雨。

但研究發現，在近一萬五千年間，中國曾出現3次冬季季風過強、夏季過弱的異常現象，而且每次都導致一段異常寒冷的時期，其中前兩次出現在最近一次的冰河期，最後一次出現在西元700年至900年間，約與唐朝同期。

穀物歉收 激起農民起義

研究顯示，約從西元750年之後，出現數次3年一週期的長期乾

【閱讀小祕書】

蒙特婁議定書

1987年有26個國家簽署「蒙特婁破壞臭氧層物質管制議定書」，這也是全球第一個管制氟氯碳化物使用的國際公約，並於1989年正式生效。後來不但擴大列管物質，並決議提前在2000年完全禁用氟氯碳化物、海龍及四氯化碳。

旱，整個異常期持續了150年，學者推論因連年乾旱造成穀物歉收，激起農民起義，最後導致唐朝在西元907年滅亡。

學者說，在同一時期，中美洲的馬雅文明也走向滅亡，極可能也是同一天候因素造成。

唐朝始於西元618年，907年結束。馬雅文化大約是從西元前1800年，在西元1000年左右消失。

中國學者：推估有出入

不過根據中國媒體報導，中國的氣象專家並不認同德國學者的推論。

理由是，根據針對1470到1979年這近500年的氣候分析發現，寒冬往往對應於夏季多雨，而不是乾旱。從古籍紀錄來看，唐朝後期冬季風強時的嚴重寒冷事件如春秋霜凍、大雪嚴寒、蘇北海岸結冰等發生的年份相應的夏季大致是多雨的。

中國學者認為，德國人的「唐朝後期長期乾旱和夏季少雨」結論

京都議定書

聯合國1992年宣示，要對「人為溫室氣體」排放做全球性管制，1997年底在日本京都舉行聯合國氣候變化綱要公約第三次締約國大會，通過具有約束效力的京都議定書，內容以規範工業國家溫室氣體減量責任為要。其後將39個主要國家人為排放的6種溫室氣體換算為二氧化碳當量，與1990年相較，平均削減值為5.2%，減量時程為2008至2012年。

也不符合中國的歷史實況。

根據歷史紀錄，西元711到771年是多雨時段，771到819年相對乾旱，西元810年後又進入一個相對多雨時期。唐朝滅亡的907年，正處一個相對多雨期。

多戰亂　滅國難歸咎單因

中國的氣象專家認為，氣候因素與人類文明進程的確有著重要的關聯，德國研究人員從岩芯推論出的氣候用於華南還算合理，但要用來推估中國大範圍長期乾旱，則依據不足。

而西元755年發生安史之亂以及後來一連串的戰亂，對唐的國力也大為耗損，唐朝的滅亡原因十分複雜，不能單單以氣候的變化來論定。

冬天不冷了……若再飆高溫恐引爆戰爭

2007年12月，峇里島聯合國氣候變遷會議剛結束，各國議定要訂出新的行為規範，以取代將滿十年的京都議定書。

對於這幾年全球的天候異常，其實不需要學者提醒，多數人也已經都能親身感受到，但是除了冬天不冷、花亂開、暴雨變多，到底還會怎樣？

這個問題，聯合國環境規劃署在這次的議程中給了一個很嚇人的答案。

他們在會中公布一份報告，推論全球氣候變暖有可能會加劇全球緊張關係，並在非洲和亞洲部分地區引發戰爭。

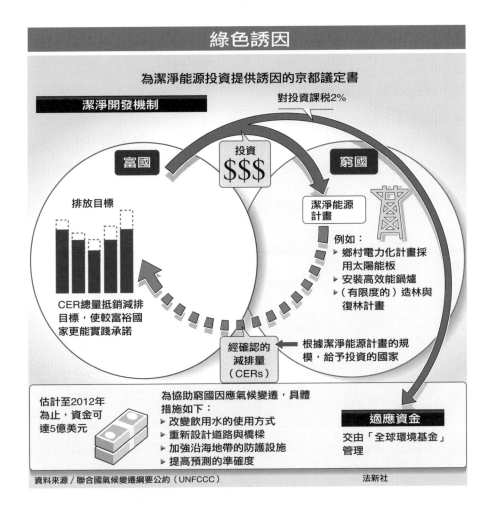

綠色誘因

為潔淨能源投資提供誘因的京都議定書

潔淨開發機制

對投資課稅2%

投資
$$$

富國

窮國

排放目標

潔淨能源
計畫

例如：
- 鄉村電力化計畫採用太陽能板
- 安裝高效能鍋爐
- （有限度的）造林與復林計畫

CER總量抵銷減排目標，使較富裕國家更能實踐承諾

經確認的減排量（CERs）

根據潔淨能源計畫的規模，給予投資的國家

估計至2012年為止，資金可達5億美元

為協助窮國因應氣候變遷，具體措施如下：
- 改變飲用水的使用方式
- 重新設計道路與橋樑
- 加強沿海地帶的防護設施
- 提高預測的準確度

適應資金

交由「全球環境基金」管理

資料來源／聯合國氣候變遷綱要公約（UNFCCC）　　　　　法新社

17

　　這項由德國以及瑞士學者合作的調查報告指出，全球持續上升的氣溫可能會導致包括北非、非洲撒哈拉以南還有南亞等地區內部的嚴重衝突。

　　主要是因為這些區域中本就有不少政局不穩定的國家，若再加上氣候異常的壓力，會更容易引發內亂；氣候變暖可能會導致對土地和

水資源的爭奪，以及大量的移民潮。

例如現在已有不少區域出現旱災，這些都可能造成淨水取得困難，糧食減產，但同時也有國家深受風暴和洪水氾濫之苦，同樣對民眾生活造成壓力。

報告的一名作者表示，地球的氣溫升高攝氏5度就有可能導致全球性的內戰，引發一連串的衝突。值得提醒的是，2007年地球的平均溫度是百年來最高。

峇里島抗暖化會議

全球減碳 台灣也該盡義務

2007年，一百多個國家的上萬代表，聚集峇里島，討論如何遏止快速惡化的暖化問題。會議重點之一是討論從2008年起到2010年，簽訂「京都議定書」的工業國須兌現溫室氣體減量承諾。

另外，開發中國家也被要求必須共同承擔溫室氣體減量責任，各國領袖也已提出呼籲，希望在未來兩年內，訂定2013年後接續京都議定書的機制，即所謂的「後京都機制」。

台灣非聯合國締約國，無直接壓力，但台灣並不會因此而逃過這股全球溫室氣體減量風潮。

聯合國在1992年通過「氣候變遷綱要公約」，最終目標是「將溫室氣體濃度穩定在一個不會危及氣候系統的水準」。也就是在2100年前，大氣中的二氧化碳濃度能穩定在工業革命前的兩倍，約550ppmv（ppm by volume）。

文化大學副教授楊之遠表示，一旦開發中國家被要求減量，「台

灣就無處可逃」。我國也不是巴塞爾公約、蒙特婁議定書的會員國，「但我國該盡的義務一樣也沒少」。

之前美國一份調查直指台灣的台中火力發電廠二氧化碳排放量全球第一，就讓台灣顏面盡失。如果台灣老是在環保調查項目落後，國際形象受損，壓力也會越來越大。

環保署副署長張豐藤說，溫室氣體減量已不是「保護地球」這種高貴口號，而是將左右國家未來的競爭力。

「最糟的情況是，我國既不能實質參與機制的遊戲規則，又要面臨國際貿易障礙。」

「這就是為什麼政府這麼重視峇里島暖化會議的原因。」張豐藤說，「這次與會的壓力很大。」因為政府已意識到除非掌握國際動態資訊，同時透過與其他國家的雙邊合作，讓台灣「實質」參與後京都機制運作，否則未來台灣將在這股全球減碳風潮下面臨何種衝擊，「誰都無法預料」。

翻翻考古題

九十六年學測／自然

地球大氣中的二氧化碳與能源問題

地球上的能源大多源自太陽。太陽所發出的能量以輻射的方式傳

至地球，陽光通過地球大氣層時，一部分的能量被吸收，一部分的能量被反射或散射回太空，剩下部分穿透大氣到達地表。圖15是太陽輻射進入地球大氣層時，被吸收、反射或散射等過程的示意圖，圖中數字是全球年平均，以百分比例表示。太陽的紫外線大部分被臭氧和氧吸收，而太陽輻射最強的可見光卻很少被吸收，大部分穿透大氣到達地表。太陽的近紅外線輻射，則主要被水氣和二氧化碳吸收。

地球大氣的成分中，二氧化碳雖然不多，卻相當程度影響了大氣的溫度。許多科學家認為，目前全球暖化的主因，是人類活動提高了大氣中的二氧化碳濃度所致。科學家提出「替代能源」與「降低人為的二氧化碳排放」兩種對策，希望減緩或解決全球暖化效應。

太陽能是科學家目前積極發展的替代性能源之一。太陽能發電裝置吸收太陽能後，將太陽能轉換成電能，其效能與接收到太陽能多寡有關。假設有一未來城，設置了一座太陽能發電廠。未來城大氣頂端，單位截面積（與太陽輻射線成直角方向）上，全年平均接收的太陽輻射功率大約是350瓦特／m²。太陽輻射進入未來城上方大氣層後，被吸收、反射或散射等的情形與全球年平均相同。

依據上述圖文，回答54-57題。

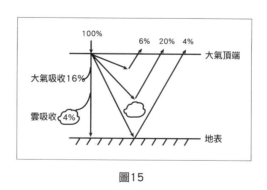

圖15

54.大氣中有些氣體會吸收太陽輻射，有些氣體會反射太陽輻射。關

於太陽近紅外線輻射的敘述，下列哪一項正確？

(A) 主要被臭氧和二氧化碳吸收
(B) 大部分穿透大氣到達地表
(C) 主要被水氣和二氧化碳吸收
(D) 主要被臭氧和氧反射
(E) 主要被二氧化碳和甲烷吸收

55. 未來城地表接收到的太陽總能量中，主要接收到下列哪一種波段？

(A) 紫外線
(B) 微波
(C) 可見光
(D) 紅外線

56. 未來城地表，與太陽輻射線成直角方向的單位截面積上，全年平均接收的太陽輻射功率大約是多少瓦特／m²？

(A) 50
(B) 175
(C) 1380
(D) 350

57. 如果未來城在地表所設置的太陽能發電廠，利用面積為2000平方公尺的太陽能搜集板來發電。假設其發電效率為20％，則平均一

個月（30天）可以發多少度的電？

(A) 2.10×10^3度

(B) 4.20×10^3度

(C) 5.04×10^4度

(D) 1.01×10^5度

必學單字大閱兵

Kyoto Protocol 京都議定書　　irrigation 灌溉
greenhouse gas 溫室氣體　　carbon dioxide 二氧化碳
climate change 氣候變遷　　global warming 全球暖化
crop 農作物　　glacial epoch 冰河期

正確答案　54題：（C）　55題：（C）　56題：（B）　57題：（C）

chapter 18

覓食打群架 費洛蒙先配對

化學傳訊素

◎林佳萱、郭錦萍

　　比、法、瑞士科學家設計了一種塗了費洛蒙的機器蟑螂，不但能輕易打入蟑螂族群，還讓原本不具社會群集行為的蟑螂，變得會成群出現。

當誘餌　機器蟑螂滅小強

　　台灣大學昆蟲學系教授徐爾烈說，費洛蒙有很多種，歐洲科學家運用的「聚集費洛蒙」，會讓蟑螂聞味後互相接近。這種費洛蒙也存在蟑螂糞便，只要點燃就會吸引周圍的蟑螂靠近。

　　另外，如蜜蜂、胡蜂則會散發具警告作用的費洛蒙，目的是招呼同伴進攻或逃跑。在野外遭到蜂類攻擊時，一開始的單隻胡蜂在發動

攻擊後，會迅速噴出聚集、警告費洛蒙，呼叫同類向目標物聚集。若是碰到這種狀況，要快速離開現場並且清洗傷口，以免氣味招來無妄之災。

還有一種斜紋夜盜蛾的幼蟲專吃葉菜類，因為母蛾會聚集產卵，當幼蟲數量達到一定密度時，就會釋放「分散費洛蒙」，好讓幼蟲各自保持距離，避免因食物缺乏集體餓死。

哺乳動物　一嗅鍾情　鋤鼻器傳愛意

早期學者認為，哺乳類動物的社會行為複雜多變，費洛蒙不足以影響哺乳動物的行為表現。不過近年的研究發現，費洛蒙對哺乳類動物的行為也有作用，台灣大學獸醫學系教授費昌勇說，食肉目動物例如貓和狗，分泌化學訊號的腺體特別發達，費洛蒙對這些嗅覺靈敏的動物是有影響的。

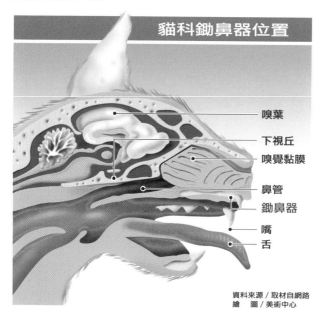

貓科鋤鼻器位置

嗅葉
下視丘
嗅覺黏膜
鼻管
鋤鼻器
嘴
舌

資料來源／取材自網路
繪　圖／美術中心

貓跟狗分泌費洛蒙的腺體位置有六個主要區域：臉部腺體（包括下巴、口部及臉頰）、生殖腺以及肛門周圍腺體分泌和社交行為、性有關的費洛蒙，足墊腺體分泌警示以

及地域性標示的費洛蒙，尿液及糞便的費洛蒙，則可以作為性標記以及地域標記，雌獸的乳腺區域分泌的安慰費洛蒙則是具有撫慰幼獸的效果。

　　動物感知費洛蒙的機制與鋤鼻器息息相關。兩棲、爬蟲和非靈長類的哺乳動物都有鋤鼻器，鋤鼻器在鼻腔的基部，成對且呈管腔結構（內腔新月狀），由鼻中隔區隔，受骨骼和彈性軟骨包覆。中央內側有接受器神經元及腺體，外側則是大量的血管和靜脈竇分布，受自主神經控制，可收縮與舒張。

　　一般情形下，鋤鼻器受到費洛蒙的刺激後才打開，接受器神經元頂端有微絨毛，軸突會聚集在一起而形成鋤鼻神經，進入鋤鼻器中的費洛蒙會與腔內腺體所分泌的費洛蒙結合蛋白結合，再與神經接受器結合而產生電位訊息，訊息會傳達至副

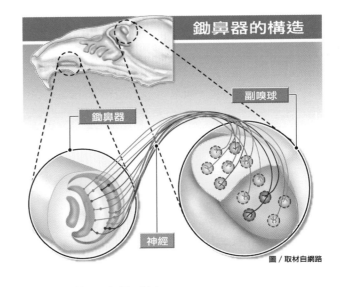

鋤鼻器的構造

副嗅球

鋤鼻器

神經

圖／取材自網路

嗅球、到達大腦下視丘、杏仁核及邊緣系統。

　　由於費洛蒙成分都很類似，為能區別不同費洛蒙，副嗅球的神經元會連結至數個嗅球，每個嗅球會與一種以上的接受器連結。利用這種方式增強或抑制傳入的訊號，因此只需少數幾種接受器，就可辨識不同費洛蒙間的成分差異。

前方有食物 螞蟻留蹤跡

螞蟻則會分泌蹤跡費洛蒙。徐爾烈表示，螞蟻尋找食物通常依靠隨機，找到食物後須帶回巢穴反芻，因此螞蟻確定食物位置後，會分泌蹤跡費洛蒙，為接替的同伴畫定運補路線，越多螞蟻走同一路線，「前方有食物」的指示就強烈。

徐爾烈說，費洛蒙在1930年代就被發現，但後來用得最廣的是「性費洛蒙」；某些昆蟲由雄性放出，吸引雌性前往交配，某些則是雌性吸引雄性。被吸引的一方必須穿越距離、阻礙，至於等著別人上門的一方，例如某些蝶、蛾，甚至連翅膀都不張，就「躺著等待」。

捕殺害蟲 量少效果好

徐爾烈指出，使用性費洛蒙捕殺害蟲，較一般毒殺法環保，使用量少即可達到效果，就維持生態平衡的角度而言，比一般毒殺法更能保存生物多樣性。

但是費洛蒙的應用也會有缺點：例如在部分環境條件下，無法有

【閱讀小祕書】

費洛蒙

費洛蒙又稱為化學傳訊素或信息素，是生物自然分泌的化學物質，它會影響個體的生理及行為，也具備和同種生物溝通的功能。真菌、昆蟲、動物身上都具有不同費洛蒙。費洛蒙接收器在觸角上，不同接收器可感覺不同氣味。

效傳送（例如蟑螂爬行的壁縫）。使用費洛蒙誘殺害蟲，也可能殘害另一物種（如害蟲的天敵）。而部分昆蟲只需少數雌雄交尾，就可大量繁殖，因此儘管誘殺一定數量，卻已無法阻止害蟲的下一代。

研究這麼說　汗液傳訊　室友月經鬥陣來

　　費洛蒙是動物釋放、揮發於空氣中的物質，用意在引起另一個體行為上或生理上的反應。人類能否感受費洛蒙訊號？最有名的研究是1998年Martha McKlintock所發表，他的結論提到，共同生活的女性月經周期會根據彼此汗液中的化學訊號，逐漸同步。

　　之後，2001年《神經元期刊》另有一篇重要論文，即瑞典的科學家用PET（測量腦部不同部位活動量的技術）掃描男女各12人嗅聞合成雌激素與睪固酮時的腦部血流變化，結果發現，雌激素使得男性腦部下視丘的部位血流量增加，而下視丘，正好是齧齒類偵測費洛蒙的部位。

　　但雌激素卻對女性沒有作用。同時，睪固酮相關的化合物可增加

18

　　費洛蒙為醇類、醛類及酮類等多種化合物組成的複合物，接收器可辨認「此味是否為我族類」，所以異種昆蟲不可能交配，自然形成隔離。費洛蒙只在昆蟲活動時有效，揮發完就失去效果。接收到費洛蒙個體，透過化學刺激轉變成神經刺激，會刺激卵巢成熟、荷爾蒙分泌或攻擊行動。

女性腦部的血流，對男性無作用。也就是說男性才能感受到女性散發的生物訊息，或女性才能收到男性魅力的線索。

　　這樣的實驗結果顯示出同性與異性接受同種化學訊號時的反應不同，也強烈支持人類可以偵測到費洛蒙訊號。不過確切的作用機制至今仍不清楚。研究人員也承認，所謂人類費洛蒙是否存在仍是一個疑問。

　　對於大多數人來說，最想知道的也許只是「哪些物質可以讓我更有吸引力？」美國有些研究者發現，前面那個瑞典科學家實驗中所用的化學物質還會影響受測者的心情、呼吸、體溫等，但還是無法確定這些物質能增加性吸引力。

　　市面上也有不少香水宣稱含有特殊費洛蒙，可以讓使用者大受歡迎，但學者普遍認為，實際效用相當可疑。

　　現在醫界較有共識的是，嗅覺的確會影響腦部特定區域的活動，這或許是未來治療精神疾病的新方向之一。

真菌繁殖　母體結合也靠它

　　台灣大學植微系副教授沈偉強表示，自然界從低度演化真菌，到高度演化的哺乳類動物，都有性費洛蒙影響生理及行為的蹤跡。

　　真菌的繁殖方式分為有性生殖及無性生殖。像酵母平常是出芽無性生殖，即由母細胞上長出芽，逐漸長到成熟大小後與母體分離。但營養條件不好時，酵母就會形成子囊孢子做有性生殖。

　　有性生殖需生成具不同性別的交配型孢子，不同的母體（例如a跟α）會先從表面外泌出屬於a跟α的費洛蒙，a細胞表面具有α費洛蒙的接受器，α也有a費洛蒙的接受器，兩個母體會互相探尋彼此的

存在。

　　一旦找到可行有性生殖的對象後，細胞的出芽周期就會停止，朝彼此趨性生長，並且在表面開始產生醣蛋白，替兩細胞黏合準備，最後兩細胞結合，形成雙倍體的正常酵母細胞。

動物界的性愛密碼

　　第一個性費洛蒙是德國科學家卜提南在1959年從家蠶雌蛾身上抽取、純化，名為家蠶醇，這是種脂溶性物質。

　　雌蛾在羽化後不久，腹部末端會伸出兩個稱為「引誘腺」的金黃色半球狀突起，家蠶醇經引誘腺的分泌細胞合成後，經過微絨毛上的質膜，傳遞到外表皮上孔道而散發於空氣中。雄蛾接受性費洛蒙的化學感應器為觸角，觸角上有許多毛狀感覺器，當毛狀感覺器感應到性費洛蒙後，雄蛾就會不斷地揮動觸角，盡力振翅，飛到雌蛾旁邊，進行交配。

　　一般而言，絕大多數昆蟲為雌性成蟲釋放性費洛蒙引誘雄蟲，但也有一些種類的昆蟲（如某些蟑螂及松蚜蟲）為雄性釋放性費洛蒙引誘雌性，或者雌雄蟲都能釋放，彼此引誘互相交配。

翻翻考古題

九十三年學測 / 自然

李伯伯每年都會在他的稻田裡進行害蟲的數量調查。為了減少蟲害，

他從某一年開始，連續幾年在田裡施灑固定量的「猛克」殺蟲劑。

37.「『猛克』在使用初期很有效，但到後來就沒什麼效了！」針對本項敘述，下列哪一選項解釋最合理？

(A) 李伯伯種植的水稻發生突變，吸引大量其他不同種類的害蟲。
(B) 農藥公司的品質管制不良，所生產「猛克」殺蟲劑的品質不穩定。
(C) 害蟲衍生出抗藥性，使得李伯伯的稻田中，具抗藥性的害蟲比例逐年增高。
(D) 民國87至88年間，李伯伯灑完「猛克」後，遭逢下雨，以致殺蟲劑的藥效降低。

必學單字大閱兵

Pheromone 費洛蒙
Receptor 接收器
Aggregation 聚集

Fungus 真菌
Sexual reproduction 有性生殖

正確答案　37題：（C）

chapter 19

性情突變 先查多巴胺對不對

巴金森氏症

◎詹建富、郭錦萍

　　法國「世界報」之前報導，一名巴金森氏症病人在服用多巴胺促進劑後，隨著劑量加重，性情大變，不但流連賭場，並出現性慾高漲等怪異行為，因而控告藥廠，法院最後判藥廠及醫師應共同賠償四十萬歐元。

　　人的個性百百種，到底是怎麼形成的？台大醫院神經科名譽教授陳榮基指出，人的行為不論是思考、記憶、說話或行動，基本上都受到神經元細胞和神經傳導物質控制，若彼此協調，連鎖效應就能順暢完成，而且能受到「意識」控制。

　　目前已知的神經傳導物質大約有五十多種，其中的多巴胺，就扮演極重要的角色。

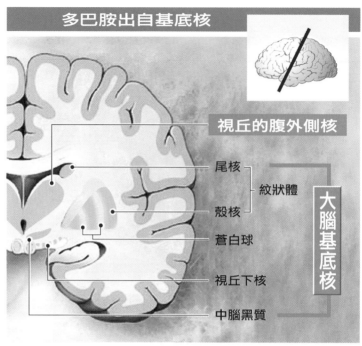

多巴胺出自基底核

視丘的腹外側核

尾核
紋狀體
殼核

大腦基底核

蒼白球

視丘下核

中腦黑質

資料來源／取自網路

多巴胺不足 行為漸退化

　　陽明大學神經科學研究中心教授劉福清指出，巴金森氏症的病因，是因位於腦幹中的黑核 （亦稱為黑質體）生產多巴胺的神經細胞退化或死亡，造成分泌不足，腦內一旦控制運動和平衡的殼核和尾狀核的多巴胺不足，就會讓人產生運動障礙，一開始可能是肢體出現不受控制的抖動，最後會變成行為能力退化。

　　劉福清說明，基底核有兩條神經迴路，作用就如同汽車的油門和煞車系統，而多巴胺的功能一方面可讓油門繼續踩著，另一方面則讓煞車鬆開，讓人類可以依意志擺動肢體。

　　「如果多巴胺分泌銳減，這個油門和煞車系統就搞混了，一方面

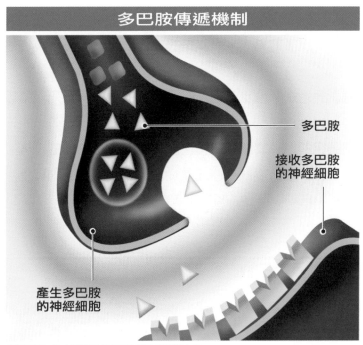

多巴胺傳遞機制

多巴胺

接收多巴胺
的神經細胞

產生多巴胺
的神經細胞

資料來源／台大醫院巴金森氏症暨動作障礙中心

不自主顫抖，另一方面卻又肢體僵硬」，但何以會有這種表現，至今還是個謎。

行為怪異 神經「調」過頭

陳榮基表示，巴金森氏症病人服藥後出現無法控制衝動，幻覺或譫妄等，是精神科或神經科用藥最常見的副作用，尤其是具有調控神經傳導物質的藥物，會造成神經過度回饋，而出現外人眼中的「怪異行為」或是「個性改變」。

另外，有些病人所以會出現性慾高漲的情況，也與多巴胺促進劑

過度刺激多巴胺的釋出及活性有關。陳榮基說：「過去在台大醫院就曾經有巴金森氏症的病人，原本是躺在床上，在用藥後竟然追著護士跑。」

值得注意的是，分泌多巴胺的黑質體的退化、壞死，迄今仍無法早期發現。

根據研究顯示，當腦內的多巴胺濃度低於正常人的八成，就會逐漸出現巴金森氏症的症狀，往往是從身體一側的手腳先發生，再延伸到另外一側，且屬不可逆的現象。

多巴胺若太多　妄想跟著來

多巴胺若分泌太多，也不是好事，例如精神分裂症患者所出現的幻覺和妄想，或者一再重複某種行為的強迫症，以及會出現聳肩、眨眼和突然口出穢言等症狀的妥瑞氏症，甚至到處刷卡購物的躁症，就是腦內分泌過多的多巴胺所致。

【閱讀小祕書】

巴金森氏症

1817年時，英國醫師詹姆士·巴金森發表一篇論文，描寫六位患者得到一種運動障礙疾病，後人於是以他的名字來為這種疾病命名。

巴金森在論文中提到，「病人身體某一部分有不自主的顫抖，主要是四肢的抖動，當身體靜止時就會發抖，同時合併肌力的減退，還加上走路時身體有向前彎曲的傾向，而且走起路來，開始時是緩慢的步伐，

舊情難忘、吃不停 多是它作怪

才剛吃飽，但是一聞到夜市飄散的食物香味，還是忍不住想要吃一口？科學家說，這都是多巴胺在作怪。

熱戀之後，總是覺得難再找到心儀的對象，美國科學家說，舊情難忘，也都是多巴胺作用的結果。

大腦有個快樂中樞，那個區域管的是讓人愉快、滿足的感覺。科學家說，很多人所以無法抗拒食物的誘惑，是因為吃能讓人感到開心滿足，這時候大腦的快樂中樞會將這種感覺和當時發生的情境結合，並且記憶下來，重複幾次這種過程，愉悅的記憶就會加強；藥物上癮其實也會在腦中促發相同反應，研究顯示，會受食物制約的人，看到或是聞到食物，大腦就會釋放出多巴胺。

只是，為什麼有些人特別容易出現一直想吃東西的欲望，怎麼樣都無法克制？

研究顯示，有這類問題的人，多巴胺的容受器較少，也就是比較不能感受到多巴胺的作用，因此需要更多的刺激、吃更多東西或不斷

逐漸變成小碎步，但理性與智力並沒有受到影響。」台大醫學院神經部名譽教授陳榮基表示，巴金森醫師一百多年前就能清楚區分巴症和其他類似運動障礙疾病，特別是常見的老年性顫抖，尤其當年並沒有病理解剖，他的敏銳觀察，很不簡單。

不過，因為當年並無什麼好的治療方法，歐洲曾有醫師讓病人坐在馬車顛簸一陣子，或是喝兩杯雞尾酒，希望用以改善病人的顫抖，結果當然是根本不管用。直到60年代，醫界才發現多巴胺的前驅物質——左多巴，可以減輕巴金森氏症的症狀。

嗑藥才能產生足夠的滿足感。

　　購物讓人感到滿足，也是出自同樣的腦中反應。之前，英國學者有份研究指出，當我們經驗一件新的、刺激的，或有挑戰性事物時，多巴胺就會分泌，購物就是其中的一種。

　　倫敦真的有研究單位找了一些人讓他們戴上腦電波監控器去逛街，以了解消費者的購物習慣，結果發現，購物可以活化大腦某些區域，提振情緒，讓人覺得心情愉快，而且維持一段時間。

➕ 藥物知識家

左多巴 一度搶手 黑市也有

　　幾年前有部極受好評的電影「睡人」，那是名醫師兼名作家薩克斯在1973年出版的書改編，原作講的是一群在1920年代罹患流行性睡眠症病人的故事，他們一覺睡了40年，直到60年代末服用了左多巴（L-dopa），奇蹟似地全醒了過來，但幾個月後，有人開始變得暴躁易怒，即使加重劑量也不見改善，最後他們又一一沈睡不起。

　　多巴胺是由多巴轉變而來。多巴最初是1921年由豆類分離出來，有一種生長在美洲、非洲、印度的熱帶豆類，含有大量多巴，印度人拿這種豆類當春藥，歐洲則用來治療寄生蟲疾病。台灣有種富貴豆，吃多了會嘔吐，它所含最主要的成分也是多巴。

　　多巴有兩種分子結構，一類稱「L型」或「左型」，另一類稱「D型」或「右型」，左右兩者互為鏡相結構。只有L型在自然界中存在，且僅L型多巴或左多巴對治療巴金森氏症有效，D型完全無治療效果。

　　左多巴在體內由一種乾酪氨酸的氨基酸製造出來，乾酪氨酸存在

於含有蛋白質的食物中，但也可以由食物中的苯氨基丙酸的氨基丙酸中製造，形成左多巴的速度受到乾酪氨酸氧化酶的控制。

由於有很精確的控制機轉，所以儘管食物中增加大量的乾酪氨酸，也不會造成左多巴數量的激增，如果沒有這些控制能力，只要攝取大量的蛋白質食物，就可能使腦子製造過多有害身體的成品。

左多巴又受另一種酵素的作用才會轉變成多巴胺，神奇的是，若直接給病人服用或注射多巴胺，多巴胺在血液中很快就會被破壞，無法進入腦中，因此給巴金森氏症病人左多巴，才能達到治療的效果。

1960年時，維也納有一組人開始進行左多巴的治療實驗，因為藥物很難取得，只能給幾個病人服用很短的時間，沒想到，有些病患就出現了驚人的進步，左多巴因此聲名大噪，國際上甚至有黑市出現，但左多巴治療巴金森氏症的效能，是直到1967年紐約的柯茲亞斯給病人使用大量左多巴後才確定。

卡爾森研究 半世紀後獲諾貝爾獎

在1950年代末期，瑞典的藥理學家卡爾森（Arvid Carls-son），觀察因用藥變得僵直不動的兔子在打了左多巴後能再自由活動，發現由L-dopa製造出來的多巴胺，在腦中扮演了神經傳導物質的角色，讓訊號能在神經細胞之間傳送。但當年醫學界對他的研究不屑一顧，1960年倫敦一場醫學會中，當紅的神經傳導專家更當場損他，宣稱他們不相信卡爾森的研究結果。

但五年後，所有的批評者都閉嘴了，因為後續的研究顯示，多巴胺的確是大腦神經迴路中，形成幸福快樂感及藥癮的關鍵物質，更和巴金森氏症直接相關。因此L-dopa從那時起就成了治療巴金森氏症的第一線藥物，至今這種情況仍未改變。

2000年時，卡爾森即因為半世紀前的這項發現，和另兩位學者共同獲得諾貝爾生理及醫學獎。2007年2月，學界後進還在他的故鄉，重新演練了當年的兔子實驗。電影「睡人」，演的就是他的發現公布後，第一批用多巴胺病人的故事。

必學單字大閱兵

Parkinson's disease 巴金森氏症　　basal ganglia 基底核
dopamine 多巴胺　　neurotransmitter 神經傳導物質

chapter 20

太空暴力 黑洞噴流大欺小

星系黑勢力

◎楊正敏

　　2007年12月，美國錢卓（Chandra）紅外線望遠鏡及其他的望遠鏡，都觀察到太空中某星系的「超大質量」黑洞噴出粒子噴流，打得鄰近的小星系歪斜、搖晃，這是太空科學家第一次觀察到這種「大欺小」的「星系暴力」，再度開啓全世界天文迷對黑洞的無限想像。

　　這起太空事件發生在距離地球14億光年外，代號「3C321」的雙星系系統，這個系統有兩個星系，其中較大的星系俗稱為「死星星系」，由星系中心的黑洞噴出強大的粒子噴流。

噴流撞擊　滅絕或成巨星

　　根據美國太空總署的資料，粒子噴流衝撞到鄰近星系時，爆出明

亮光點，部分能量消失。噴流的速度接近光速，寬度達1000光年，從源生點奔馳到一到兩百萬光年。

科學家認為，這樣的太空現象好壞目前沒有定論，可能導致鄰近行星上演化出的生命大批滅絕；但是也有可能注入巨大能量及輻射，可能形成不少新恆星及行星。

黑洞發射粒子噴流射中鄰近星系，就有如科幻小說中的情節。

不過這些早年天文學家推測「應該有」的事，卻足足等天文觀測技術半個多世紀後，才在1997年首次觀測到黑洞噴流，也因此陸陸續續找到許多黑洞的所在。

黑洞質量 太陽3億倍

1997年，美國太空總署發現在距地球5000萬光年的M84星系中心處，有顆約太陽3億倍質量的黑洞正像煙火般噴出大量物質，接下來天文學家利用哈柏望遠鏡和歐洲的紅外線太空望遠鏡，陸續發現黑洞都有像煙火的噴流現象。

台灣大學物理系教授吳俊輝解釋，黑洞的粒子噴流是當粒子加速到高速時，在劇烈高速下產生的物理作用，黑洞的質量夠大時，就可能產生。

宇宙中的物質主要有五種：光子、微中子、暗物質、重子和暗能量。前二者組成光，暗物質和重子會受重力吸引，其中重子則會形成帶電粒子；暗物質不會。而暗能量是萬有斥力，也是讓宇宙加速膨脹的力量。

吳俊輝表示，黑洞不是洞，而是一個強大的引力場，它會把附近的物質吸引進去，就是暗物質和重子。一般相信，黑洞會吞噬物體，

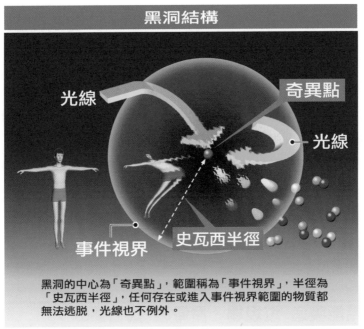

黑洞結構

光線

奇異點

光線

事件視界

史瓦西半徑

黑洞的中心為「奇異點」，範圍稱為「事件視界」，半徑為「史瓦西半徑」，任何存在或進入事件視界範圍的物質都無法逃脫，光線也不例外。

圖／台大物理系副教授吳俊輝提供

但其實是慢慢把周圍的東西吸到中心去，就像洗臉台的水往中心流。

當物質被黑洞吸引接近中心時，會產生非常高的加速，此時粒子帶電，產生電磁場，旋轉夠快，能量夠強時，電磁場會變得非常強，這個強力的電磁場強到足以抵抗黑洞本身的引力，帶電粒子就會沿著電磁場被往外拋，力量之大，粒子甚至可以被拋到星系之外。

黑洞哪裡找　放射線帶路

吳俊輝說，物質往中間流動時，當有一點點的不均勻，就會有渦流產生，黑洞慢慢把周圍的物質往裡吸時，會把物質暫存在旁邊，形成所謂的「吸積盤」，再慢慢吞噬進去。

在吸積盤裡的物質快要被黑洞吸進去時，會因高速的碰撞摩擦產生熱，熱到一定程度就會產生X射線和伽瑪射線，吳俊輝形容，這是物質要被吞噬前的「曇花一現」。由於X射線非常靠近黑洞，X射線發射隨時間的變化方式，是提供研究黑洞行為的一個好方法。

他說，粒子噴流是物質被拋出去；X射線則是物質被吸進去前的大量能量的釋放，兩者原理不同，有可能伴隨發生。

黑洞的「星系暴力」，跟科幻小說的情節有異曲同工之妙，現實狀況中是否可能拿來發展成武器？

吳俊輝說，利用同步加速器可以模擬黑洞射出粒子噴流時的能量，但要當成武器來用，還差得遠呢！

黑洞若能製造 垃圾場、發電廠 找它都OK！

一般恆星形成的黑洞屬於輕量級的黑洞，質量約為十個到幾十個太陽，密度很大，重力場強。另一個是住在活躍星系核中心的超級質量黑洞。

吳俊輝說，黑洞是一個時空極度扭曲的空間，過去風靡全球數十年的「星艦奇航」影集中，就是用黑洞形成的蟲洞（worm-hole）做星際旅行的捷徑。

所謂的蟲洞是指兩個黑洞的中心點，在人類感受不到的第四維空間中被連接在一起，這條連線就叫蟲洞，蟲洞的長度比兩個黑洞原本在三維空間中的距離短，可以做時空旅行，常出現在電影或科幻小說中。

吳俊輝說，現在的黑洞雖然已漸漸從理論被證實，但現代科技還做不出黑洞，所以還沒有辦法進一步證實蟲洞的存在。

他表示，若能做出黑洞，倒可以解決人類很多問題。黑洞既然會把物質縮在很小很小的點上，很適合拿來當垃圾場，地球上產生的垃圾往太空一丟就行了。此外，黑洞的重力位能可以被抽取出來當成能源，變成發電廠。

　　吳俊輝強調，黑洞是個建構良好的科學理論，但是還有未完全解答的問題，像奇異點在數學上為密度無窮大，體積為零，但在物理學上沒有「無窮大」，只要有存在，就有一個量，現實的物理空間中不應存在無窮大。

　　吳俊輝說，物理學家和數學家用了很多方法要避開這樣的問題，因此想要結合量子力學和黑洞理論，只是到現在還沒有突破。黑洞之所以迷人，除了它在科幻、科普領域讓人可以有無限想像外，在科學研究上仍有許多未解的問題，值得科學家不斷的追尋。

銀河系的黑洞……還在找

　　拜觀測技術進步之賜，黑洞近年來又成了科學界的熱門話題。

　　台大物理系副教授吳俊輝說，每隔幾年黑洞都會成為科普或科學的流行議題，主要是因為黑洞不只是紙上談兵的理論，近年來因為能真正觀測到黑洞的行為，理論成了實際看得到的事，讓研究人員都很興奮，也刺激科學家投入更多研究能量。

　　黑洞的概念在20世紀初出現，但也一直有人質疑黑洞是否真的存在。吳俊輝說，以物理理論而言，黑洞是愛因斯坦廣義相對論架構下的一個產物。當星體質量集中在一個很小的體積內時，強大的重力會讓周遭一定球形範圍內所有的東西，都被吸入星體的中心，即使是光也無法逃脫。

也就是說，任何進入，或原本在這個範圍的東西，都再也無法離開這個球形範圍的中心；理論上，中心的密度為無窮大，也就是所謂的「奇異點」，而連光都無法逃脫的球形範圍邊界，就是「事件視界」，其半徑稱為「史瓦西半徑」，這個半徑的大小和球形範圍內的總質量成正比。

　　因為連光都無法逃脫這個球形範圍，所以這個星體從外表上看不會發光，才稱為「黑洞」，所有的東西一旦進入了這個區域，無法再出來。

　　吳俊輝解釋，黑洞是把很大的質量縮小到很小的體積內，把原子筆縮成一個黑洞，在質量守衡原理下，還是一個原子筆的量，但體積會變得很小很小，大概是一個幾乎看不見的點。半徑為70萬公里的太陽縮成黑洞大約是半徑3公里，大一點的恆星約為太陽的三到四倍，所以黑洞的大小約在幾公里到數十公里間。

　　如果太陽以一個質量相同的黑洞取代，地球一年仍是365天，九大行星仍然照常運行，只是沒有光。

　　目前科學家多半相信，地球所在的銀河星系內也有許多恆星質量級的黑洞已被發現。

霍金「迷你黑洞」論 曾風行一時

　　提到黑洞，不能不提史帝芬‧霍金（Stephen Hawking）。他出生於1942年1月8日，剛滿67歲，是英國劍橋大學的盧卡斯講座教授。他在博士論文裡就已利用黑洞理論中的「奇異點」觀念分析探討膨脹的宇宙，認為奇異點可能是宇宙在大霹靂前的一種型態。

　　黑洞這個名字是由約翰‧惠勒 （John Wheeler）在1967年提

出，霍金將惠勒的理論發揚光大，在1971年提出「迷你黑洞」的觀念，認為宇宙大霹靂造成的巨大壓力，實際上可將龐大的質量壓縮到很小的體積內形成黑洞，這個理論在當時天文界曾風行一時。

霍金又研究了黑洞的碰撞、理論和熱力學間的關聯，以及量子重子理論，結合「量子理論」和「廣義相對論」提出「黑洞爆炸」的可能性，也就是主張黑洞不見得完全是黑的，黑洞會因輻射而失去能量，變得更小，最後會爆炸或完全消失。

翻翻考古題

九十五年學測／自然

39. 天文學家認為星際介質在某些條件下會形成恆星，然後進入稱為「主序星」的穩定期。在演化末期，恆星會膨脹成為紅巨星。質量比太陽大很多的恆星，在最後可能爆炸形成「超新星」事件，中心質量被壓縮形成中子星或黑洞，但是太陽由於質量較小，所以在演化末期不會自我爆炸而「屍骨無存」。根據以下敘述推論，下列哪一選項為太陽一生的大致演化歷程？

(A) 星際介質→主序星→紅巨星→白矮星

(B) 星際介質→主序星→紅巨星→白矮星→黑洞

(C) 星際介質→主序星→紅巨星→白矮星→中子星

(D) 星際介質→主序星→紅巨星→超新星→白矮星

(E) 星際介質→主序星→紅巨星→超新星→中子星

36.天文學家使用各種波段的望遠鏡進行天文觀測，例如：可見光望遠鏡、無線電波望遠鏡、紅外線望遠鏡……等。有些望遠鏡安置在環繞地球的軌道中，有些望遠鏡則安置在地面上。下列哪一選項中的望遠鏡，一定要安置在太空中運作？

(A) 可見光望遠鏡、紅外線望遠鏡
(B) 無線電波望遠鏡、X光望遠鏡
(C) 紅外線望遠鏡、γ射線望遠鏡
(D) X光望遠鏡、γ射線望遠鏡
(E) 無線電波望遠鏡、紫外線望遠鏡

必學單字大閱兵

X-ray Observatory X光望遠鏡
galaxy 星系
black hole jet 黑洞噴流

accretion disk 吸積盤
singularity 奇異點

正確答案　39題：（A）　36題：（D）

chapter 21

老鼠啃電線 「此路最安全」

鼠滿為患

◎程嘉文、郭錦萍

2008年1月,一架美國聯合航空班機在北京降落後,清潔工發現機艙內有老鼠,機場急忙動員捕鼠人員設下陷阱,結果一晚上抓到八隻老鼠。

機上出現老鼠的原因,應該是先前載運的行李當中有老鼠躲藏,然後老鼠在飛行途中跑出來,從此就在機艙裡落戶。由於老鼠有到處咬嚙的習慣,若把飛機的管線給咬斷,後果可就不堪設想,因此一定要停飛捕鼠。

瓦斯氣爆 竟是耗子肇禍

歷史上雖然還沒有老鼠導致墜機的案例,不過因為老鼠咬壞管線導致的災禍倒還真是不少,例如民國83年在北市新生南路的「可磨坊」麵包店發生瓦斯大爆炸事件中,不但老闆當場被炸死,爆炸威力甚至直衝馬路上的路過車輛,造成一位駕駛人不幸喪命,另外有九人受傷送醫,受損汽機車將近四十輛,是台北市十多年來最嚴重的爆炸案。

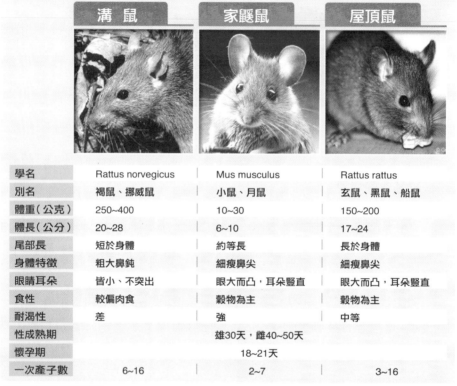

	最常見的三種家鼠		
	溝 鼠	家鼷鼠	屋頂鼠
學名	Rattus norvegicus	Mus musculus	Rattus rattus
別名	褐鼠、挪威鼠	小鼠、月鼠	玄鼠、黑鼠、船鼠
體重（公克）	250~400	10~30	150~200
體長（公分）	20~28	6~10	17~24
尾部長	短於身體	約等長	長於身體
身體特徵	粗大鼻鈍	細瘦鼻尖	細瘦鼻尖
眼睛耳朵	皆小、不突出	眼大而凸，耳朵豎直	眼大而凸，耳朵豎直
食性	較偏肉食	穀物為主	穀物為主
耐渴性	差	強	中等
性成熟期		雄30天，雌40~50天	
懷孕期		18~21天	
一次產子數	6~16	2~7	3~16

資料來源／朱耀沂（老鼠博物學）

事後鑑識發現，是老鼠咬破瓦斯管線導致漏氣，一大早到店上工的老闆一開燈，就導致氣爆。

門牙長不停 不磨會死

其實也不能怪老鼠為什麼要不停地咬東西，因為老鼠所屬的「嚙

齒目」（Rodentia）最大特色就是上下顎各有一對不停生長的門牙。台大昆蟲系名譽教授朱耀沂指出，以家庭中常見的溝鼠而言，理論上每年牙齒可以長1公尺！如果不靠咬東西把牙磨短，下門牙甚至會刺穿頭部而死。

所以，齧齒類動物終其一生，都不停地在咬東西，而其堅硬的門牙加上有力的上下顎，也是齧齒類生活中最重要的工具，可以用來開洞、拉扯，幾乎是無所不能。

日本總務省曾統計，1995到2003年間，東京都一共發生112件老鼠造成的火災。

為了解老鼠「為何啃咬電線」，名古屋消防署一名官員在2004年將自市區捕獲的溝鼠等鼠類20隻，分別飼養在配有電線裝置的六個養育箱（長60公分、寬90公分、高10公分），養育箱就放在停車場上，以方便觀察老鼠到底是如何對付電線。

巢穴出入口 咬痕當記號

過程中，研究者發現，電線裝置遭咬的部位，都集中在老鼠房間的出入口。推測可能是老鼠警戒心很強，從巢穴出入時都會十分注意周圍的狀況，老鼠所以會在出入口附近電線留下咬痕，應是為了將咬痕作為「安全出入口」的標記。

這個實驗還發現，老鼠除了喜歡在房間中的支柱上及角落邊跑來跑去之外，由於門牙每天都會生長0.5公分左右，所以老鼠想到就會磨牙、啃咬眼前障礙物。

如果電線恰好集中在房間的支柱或是角落裡，被老鼠啃咬後，暴露的帶電金屬若是接觸大量炭化的老鼠糞便及尿液，就很容易會引起

火災。

　　研究者最後提出的建議是，將電線配置在建材內，或在房間角落配置電線時不留下老鼠可以通過的縫隙，或多或少能防止「老鼠火災」發生。

大胃王　年啃農作20％

　　老鼠對人類生活造成的災害，最主要還是在損耗糧食以及傳播疾病兩方面：根據聯合國農糧組織（FAO）的估計，歐美地區野鼠吃掉的農作物高達總產量的20％！在我國的情況也差不多，不管稻米、番薯、甘蔗、花生都難倖免，甚至老鼠也跟人一樣會挑肥揀瘦：米質良好的水稻，或是秋天之後糖度開始升高的甘蔗，都是老鼠下「口」的目標。而家禽養殖業也擔心老鼠闖入，不但吃掉飼料，甚至咬死幼雛。

饕客吃的田鼠　其實是鬼鼠

　　目前生物學家發現的囓齒目動物種類超過兩千，占已知哺乳類動物將近一半，其中鼠科（Muridae）的種類就超過一千三百種。除了一般老鼠之外，囓齒目還包括松鼠、鼯鼠（飛鼠）、土撥鼠、豚鼠（天竺鼠）等，甚至一般人印象中跟「鼠」不相干的水狸、全身長刺的豪豬，也都屬於囓齒目。

　　台大昆蟲系教授徐爾烈說，台灣目前共發現十四種老鼠，其中三種居住在家中，包括溝鼠、屋頂鼠、家鼷鼠，而在野外田間最常發現的是小黃腹鼠或鬼鼠，至於緬甸小鼠是近年才在東部等少數地區發

現，估計是剛由東南亞被交通工具帶過來。而台灣森鼠與高山田鼠則是本地特有種。

這些老鼠當中以鬼鼠的體型最龐大，不連尾巴就可長到近30公分長，體重近1公斤。在遭遇如人類等敵人時，會將毛豎起示威，也是鬼鼠特有的習性。徐爾烈指出，一般山產餐廳所賣的田鼠肉，其實不是學者所定義的「田鼠」（vole，特徵是身體圓胖、尾巴短、耳朵小），而是鬼鼠。

至於三種家鼠的居住環境也不盡相同：溝鼠體型最龐大，喜歡住在潮溼的地方，擅長游泳與挖洞，主要在地面活動，通常出沒於房屋的底層、廚房、溝渠等處。而屋頂鼠與家鼷鼠則喜歡比較乾燥的環境，體型也較小，攀爬能力比較好，通常居住在舊式房屋的天花板上面。三種老鼠雖然都是雜食性，但相較之下溝鼠較偏向肉食，另外兩種則以穀物為主。

多產紀錄 一胎23隻

多子多孫抗天敵

由於老鼠不管在家中或野外都有大量天敵，弱小的牠們生存之道就是「拚命生」：一般家鼠出生一個多月就可以繁殖，母鼠生產後十二小時就可再度交尾，一面哺乳一面懷孕。而學界目前發現到的溝鼠最多產紀錄，是一胎23隻！

17世紀日本數學家吉田光由提出了一個名為「鼠算」的問題：一對老鼠在一月間生了十二隻仔鼠，若雌雄各半，如此連同親鼠等於七對，牠們在二月再度各自生下六對老鼠，一年下來總計有多少

隻？答案是老鼠以每月七倍的等比級數增加，到十二月底可以達到27,685,274,402隻！

　　當然現實世界沒有這麼誇張，各國的農林單位通常以每對老鼠一年可繁殖出5000隻二代為標準估計值，不過實際上因為大部分老鼠都還沒活到繁殖期就因為疾病死亡或被捕食。美國曾經有將一對老鼠放入大面積實驗區，並設置圍牆保證沒有掠食者入侵，一年之後也「只有」150隻而非5000隻。多數專家認為，新生老鼠的存活率是0.5%到1%。儘管如此，每年還是至少可以增加25隻。

黑死病　史上最大傳染病

　　又稱「黑死病」的鼠疫，可能是影響歷史最大的傳染病。世界史上第一次鼠疫大流行發生在西元六世紀的東羅馬帝國查士丁尼大帝時代，估計造成上千萬人死亡，使得東羅馬帝國勢力大損，查士丁尼想要重振羅馬、統一西歐的企圖也落空。

　　中國在十五世紀的明朝末年也曾經爆發鼠疫，有學者認為西元1644年，流寇攻陷北京，導致崇禎皇帝上吊自盡，原因之一就是鼠疫嚴重。

　　老鼠其實也會死於鼠疫。鼠疫真正為害的是老鼠身上的跳蚤，鼠疫桿菌會在鼠蚤的胃部大量繁殖，阻塞消化道，導致鼠蚤因營養不良而永遠處於飢餓狀態，因此拚命去叮咬其他動物吸血，使病菌傳播到其他人畜身上。由於內出血導致皮膚出現暗斑，因此得到「黑死病」別名。

　　至於在現今台灣會被老鼠「本身」傳染的疾病，北醫附設醫院感染科主任李垣樟指出，臨床上曾經發生外勞來台前被老鼠咬傷導致

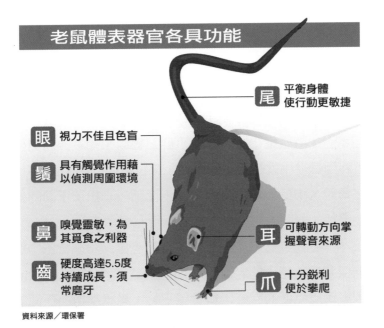

老鼠體表器官各具功能

尾	平衡身體 使行動更敏捷
眼	視力不佳且色盲
鬚	具有觸覺作用藉以偵測周圍環境
鼻	嗅覺靈敏，為其覓食之利器
耳	可轉動方向掌握聲音來源
齒	硬度高達5.5度持續成長，須常磨牙
爪	十分銳利便於攀爬

資料來源／環保署

「鼠咬熱」的病例，導致患者高燒不退、關節腫痛。

另外，更嚴重的是以老鼠為寄主的漢他病毒，病毒會存在於老鼠的體液與排泄物中，風乾之後病毒可以藉由空氣吸入傳染，會導致人類的出血熱與肺症候群。

李垣樟主任說，這些老鼠傳播的疾病，現在醫學都已經可以治療，即使黑死病也不再是絕症。

問題在於，台灣地區自光復以後就不再有鼠疫流行，如恙蟲病等也常被認為只存在於綠島、蘭嶼等偏遠地區，但是隨著交通往來越來越頻繁，許多久未露面的疾病可能會在意想不到的地區出現，而一般醫師如果缺乏相關警覺，就可能因誤診造成病情惡化。

科學研究 鼠兄弟常捐軀

老鼠在人類歷史中屢次造成疾病與饑荒，許多人也先天害怕老鼠，例如喬治·歐威爾小說《一九八四》書中，獨裁政府對男主角洗腦時，就利用其從小就怕老鼠的弱點，來瓦解他的心防。

但在傳說、神話與流行文化中，老鼠卻多半扮演正面的角色。以卡通人物來說，鼎鼎大名的米老鼠、兩隻花栗鼠奇奇（Chip）與蒂蒂（Dale），「仙履奇緣」中灰姑娘的兩隻老鼠，華納電影中總是惡整湯姆貓的傑利鼠，超人的老鼠版「太空飛鼠」（Mighty Mouse）……一直到去年皮克斯的電影《料理鼠王》，老鼠都扮演正面的、得勝角色。相較之下，真正扮演人類寵物的貓狗，反而成反派。貓狗若有知，想必會被主人的大小眼氣得半死。

對於這種現象，文化大學廣告系助理教授鈕則勳認為，應該是老鼠體型小，因此多半被認為是弱小的代表，在抒發人類夢想的童話與卡通中，當然被塑造成正面的角色。

他也認為因為迪士尼在1928年創造出米老鼠，由於正面形象太深入人心，此後老鼠就在觀眾心目中定型，幾乎都是可愛形象。因為老鼠是正面角色，所以只要貓鼠演出對手戲時，貓就注定要當被整的反面丑角。

除了娛樂功能外，老鼠還是對人類有正面貢獻：實驗常用的白老鼠，其實就是家鼷鼠或溝鼠的白子。另外如土撥鼠、豚鼠，也在特定的用途上擔任實驗品。科學家選用老鼠作試驗品，主要因為老鼠繁殖與飼養容易，而且生命周期短，所以某種藥品在老鼠身上連續進行10天測試，可以推估人類連續一年攝取的結果。

估計每年為了各項科學研究犧牲的老鼠，數量以億為單位。以國人的習慣，實驗室每年農曆7月15中元節，也會祭拜這些「捐軀」的「鼠兄弟」們。

必學單字大閱兵

mouse 老鼠（較小，較正面用法）　　porcupine 豪豬
rat 老鼠（較大，較負面用法）　　vole 田鼠
plague 瘟疫（經常專指鼠疫）

chapter 22

原蟲昆蟲 滅了大恐龍？

恐龍滅絕說

◎李承宇、郭錦萍

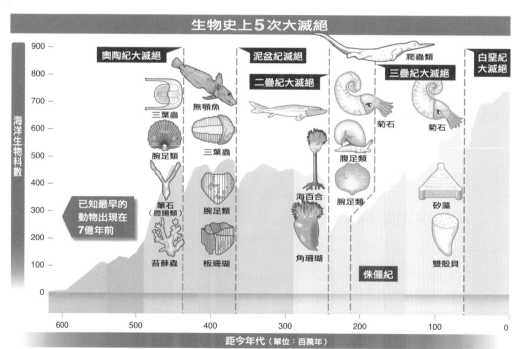

生物史上 5 次大滅絕

資料來源／台大教授魏國彥、網路

造成6500萬年前恐龍滅絕的元兇是誰？學界主流看法認為應是小天體（隕石或彗星）撞擊地球，造成地球環境驟變，導致恐龍集體滅絕。但美國俄勒岡州立大學動物學教授波納爾（George Poinar）在最近由普林斯頓大學出版的新書中，提出一項新看法，他認為真正的「滅龍殺手」是會叮動物、帶有病菌的昆蟲。

昆蟲化石　驗出多種病原體

波納爾的理論，來自分析黎巴嫩、緬甸、加拿大等地琥珀中的昆蟲化石，重建當時複雜的昆蟲生態；他發現昆蟲在白堊紀時期突然大量演化繁殖，而且在昆蟲化石中找到某些會使爬蟲類受到感染的病原體，像是利什曼原蟲病、瘧疾的病原體。此外，在恐龍的排泄物化石中也檢驗出線蟲等昆蟲攜帶的寄生蟲和細菌。

波納爾認為恐龍滅絕的決定性因素是昆蟲，而非天體撞擊地球衝擊，因為恐龍化石的分布顯示，恐龍滅絕並非在一夕之間，而是幾千年、甚至幾萬年的漫長過程。這段時間正好是昆蟲大量演化繁殖、急速散播病菌的時期。

地質學者　較支持天體撞擊

不過該說法引來不少質疑。台大地質系教授魏國彥說，波納爾推論犯了古生物學「埋藏學」的大問題。恐龍是陸生動物，死後骸骨化石埋藏十分稀少，化石紀錄不可能完整，所以不能只看恐龍化石就當作大滅絕「證據」。

魏國彥指出，在白堊紀末年與恐龍同時滅絕的生物還有孔蟲、菊石、柯氏藻等，這些生物由於生存在海中、數量較大，化石容易保

存，因此可以觀察到很細微的生物生存痕跡紀錄。

在與恐龍滅絕的同一個時期的地質中，也發現到這些海中浮游生物的化石突然消失，魏國彥表示，有孔蟲的化石「從出現幾萬隻，到一隻都沒有」，是天體撞擊地球造成「生物大滅絕」的更有力證據；也間接證明了恐龍是在這次「行星級災難」中絕跡。

族群死亡與大滅絕　大不同

魏國彥解釋，「恐龍死亡」與「恐龍大滅絕」是不同的。地質學者與古生物學者對生物演化有「均變論」與「災變論」兩種看法。「均變論」認為地球演化中的種種改變，是由緩慢漸變的微小變化造成。

「災變論」認為地球上的生命進程曾多次被大災變事件打斷。學者也利用統計方法，分析從寒武紀之後的六億多年，曾經發生過五次大規模的生物滅絕。

生態失衡　第六次滅絕將屆

恐龍怎麼滅亡的也許還有爭議，但近幾年全球氣候異常已讓科學家擔心不已，幾年前即有多國學者預言，地球生物的第六次大滅絕已近，而且人類作為正是啟動的關鍵。

2004年終時著名的國際科學期刊《科學》（Science）選的年度十大科技新聞，排名第七的是：研究顯示，地球許多物種正快速消失中，其中又以兩棲類受創最重，在5700種已知的兩棲類中，近30%面臨絕種威脅。

另外，根據國際自然資源保護聯合會（ICUN）之前公布的「全球物種調查」報告，超過一萬五千物種已面臨滅絕的危機，而且滅絕速度比五大滅絕都快。

前幾年就有不少學者推論，氣候暖化可能造成全球四分之一的陸生動植物在未來50年內滅絕，2008年的新研究更顯示，地球暖化的程度比原先預期還嚴重。

歐洲的學者就指出，歐洲是受全球氣候變化影響最小的地區，但即使如此，歐洲仍有25％的鳥類和15％的植物會逐漸滅絕。

大滅絕在地球上已經發生過五次。前早兩次大滅絕的主因都是氣候變冷和海洋退卻，第三次大滅絕是史上最大、最嚴重的一次，主因是地殼頻繁活動和盤古大陸形成引起的。第四次造成80％的爬行動物滅絕。

第五次大滅絕也是大家所熟知的一次，它讓統治地球達一億六千萬年的恐龍滅絕，陸地上僅剩12％的物種。

科學家警告，地球正面臨第六次生物大滅絕——更新世大災難。以目前每天有四十種生物絕種的平均速度估計，一萬六千年後，90％的現代生物便會從地球上消失，與第三次大滅絕的威力相當。而這次正在進行中的生物滅絕，是因為人類的作為破壞地球的自我調節能力，造成生態失衡，造成所有物種都陷入危機。

病菌滅龍　台學者不認同

台灣大學昆蟲系名譽教授徐爾烈認為，昆蟲所散播的病原體不太可能導致整個恐龍族群的滅亡，因為如果感染太快、造成所依附的物種整個滅絕，「病原體自己也無法生存」。

徐爾烈指出，在石炭紀的地質中就已經發現昆蟲化石，到了白堊紀的地層中，昆蟲化石豐富，達上百萬種，且型態與現代的昆蟲類似；波納爾認為在恐龍活躍的最後階段，昆蟲突然多元演化的說法的確可以證實。

徐爾烈說，昆蟲的多元演化和造成病原變多是兩回事，傳染病散布的速度，關鍵在是否有適合散播該病原的昆蟲，若這種昆蟲大量出現，才會造成疾病流行，「不能說昆蟲種類變多，就是造成傳染疾病增多的原因。」

台大地質系教授魏國彥則認為，植物的數量的確是決定恐龍數量的關鍵。「恐龍的存在對植物來說是一種大災難」，波納爾認為地表植被改變影響恐龍的飲食習慣或許有可能。

隕石、火山、植物毒 各有擁護

歷來恐龍滅絕的說法有很多，有人認為是哺乳類興起，讓恐龍退出了地球這個舞台；也有人認為是顯花植物的分泌物帶有毒素，讓恐龍「吃不習慣」；更有人主張是火山爆發造成的岩漿、落石讓恐龍無法生存。

1970年代，諾貝爾物理學獎得主阿弗雷茲和他的兒子小阿弗雷茲，在義大利小鎮古比奧進行研究，希望證實達爾文提出的「地層紀錄不完整」說法；他們在當地白堊紀與第三紀地層間的紅色鈣質頁岩層（K／T界線）中，以柏克萊大學的「中子活化分析技術」，發現其中含有大量的銥元素，是正常值的30倍。

銥是鉑族元素之一，也被稱「親鐵元素」，在地層深處或隕石中較為常見，地表的含量非常少；於是在1980年，阿弗雷茲父子提出隕

石撞擊地球造成恐龍滅絕的說法。

　　這個假說到了1991年獲得比較有力的支持。當時有地質學家在墨西哥猶加敦半島北部奇蘇盧附近海岸探勘石油；石油沒找到，反而發現了一個巨大的隕石坑，直徑達180公里，約在6500萬年以前形成，跟恐龍滅絕的時間相符。

　　由於撞擊地點位在海陸交界，因此科學家推測，撞擊時可能會造成海嘯，淹沒陸地；且激起的灰塵與森林大火燃燒後的灰燼，也有可能在大氣層中的平流層四處流散、遮天蔽日，植物無法行光合作用製造養分，讓許多生物失去食物、氧氣來源；此外，失去陽光的照射，也造成了「撞擊冬天」，讓地球的氣溫急速下降。

　　天體撞擊地球時產生的氮氧化物，更會造成臭氧層的破壞，和空氣中的水氣結合後，還會形成酸雨。無法遮蔽的紫外線侵襲加上酸雨，造成當時地球大環境結構的猛烈改變。

　　一般推測，當時只有少數生活在地下、洞穴中，或海洋中的底棲生物躲過這場劫難。

必學單字大閱兵

dinosaur 恐龍
mass extinction 大滅絕
fossil 化石
asteroid 小行星

reptile 爬蟲類
carnivore 肉食動物
herbivore 草食動物

chapter 23

牠虐兒？跟你想的不一樣

動物行為

◎楊正敏

　　德國紐倫堡動物園的小北極熊雪花，繼柏林動物園的小北極熊納特後，又成了全世界的新歡。

　　雪花被母熊叼在嘴裡左搖右晃，甚至還跌落數次的鏡頭，透過電視傳送到全世界，可愛的小熊竟被如此對待，讓多少人對於動物界如此脆弱的親子關係感到不忍。動物界的親子關係究竟是像企鵝抱蛋無怨無悔；還是根本就是放任自生自滅，甚至吃掉也在所不惜？

雪花被娘虐　沒這回事

　　台北市立動物園發言人金仕謙說，對於動物的親子關係，人類總是投射了太多的想像與詮釋，動物的親子關係很單純，只是一種為了傳宗接代，保留種族基因的本能而已。

　　金仕謙先為紐倫堡的母北極熊叫屈，他說，從獸醫的觀點，母熊並沒有摔或「虐待」小熊，那都是大家看了畫面以後的想像。

犬貓熊　育兒靠本能

他解釋，母熊可能稍早感到威脅，想要把小熊搬到一個牠覺得比較安全適合的地方。畫面上的母熊叼著小熊，並沒有張嘴咬牠，可能是母熊的下顎功能不是很好，一直叼不穩，小熊才跌下來，只能說母熊的育兒技巧不好，談不上虐待小熊。

動物的親子關係，視種類不同有很大差異，例如靈長類就和其他哺乳動物明顯不同。　金仕謙說，靈長類的育兒方法多靠學習，但犬、貓或熊科動物多靠本能。

新手母猴　長者為師

他以群體生活的猴子為例指出，猴子有相當完整的社會結構，年輕的母猴會觀察族群中年長、有生育經驗的母猴行為，學習如何養育下一代。

金仕謙說，沒有經驗的母猴連抱小猴子的方法都不會，常常不知輕重，伸手一把抓住小猴的腿，小猴因為倒栽蔥尖叫連連。這時有經驗的母猴就會出手阻止，年輕母猴也就上了一課。

有一些獨自行動的靈長類動物，沒有其他的學習對象時，有些動物園會放影片，讓這些猩猩、人猿學習如何照顧小寶寶。

獅王上任　先趕盡殺絕

犬科、貓科或熊科動物的親子關係是出於本能，也就是我們說的天性，但像獅子或是集體行動的犬科動物，與獨來獨往的老虎、豹

從獸醫的觀點，母熊並沒有摔或「虐待」小熊，那都是大家看了畫面以後的想像。

子、熊也有差別。

　　金仕謙說，獅群是集體生活，獅王換人做時，新獅王會咬死前任獅王留下來、還在哺乳中的幼獅，迫使母獅子中斷哺育，荷爾蒙產生變化，從哺乳的狀態，回到發情的狀態。

　　他說，這種情形跟人類改朝換代時都要趕盡殺絕，斬草除根有點相似。只是動物的出發點十分單純，只是要讓母獅能趕快恢復到可受孕的狀態，新獅王可以趕快傳宗接代，留下自己的種。

　　金仕謙說，如果母體感到威脅、緊張、壓力、不安全感，會帶著小寶寶移居，但搬來搬去都覺得不安全，不知要藏到哪裡時，會乾脆把孩子吞下去，即使是小型肉食動物像白鼻心，都會有類似的行為。

媽媽搬家　先搬強壯兒

而母體要移居時，會先搬強壯的、活動力強的小寶寶，這也是為了保障最強壯的個體可以存活下去，是一種求生，延續種族的本能，並不見得是刻意的遺棄。

德國動物園裡的北極熊媽媽遺棄、甚至直接咬死體弱的小熊，金仕謙認為，可能是母熊面臨緊迫壓力。他解釋，熊在野外獨居，公熊和母熊只有在傳宗接代時會短暫在一起，母熊養育小熊時，若感到公熊的威脅，在緊張和壓力下，就會急著要把小寶寶移走，才會有一些異常的行為。

此處，不安全

有人摸小貓　母貓就搬家

路邊剛出生的小野貓在寒風裡喵喵叫，想要上前撫摸，忽然想起坊間流傳的說法，剛出生的小貓不能摸，小則母貓會帶著小貓搬家，大則可能會咬死小貓。

這種說法並非沒有道理，台北市立動物園發言人金仕謙說，摸小貓時，人的氣味會沾到小貓身上，母貓聞到以後會覺得環境不安全，產生威脅感，就會帶著小貓搬到別的地方去。

金仕謙說，不只有貓會有這種情形，有些馴化不久的寵物鼠也會看到類似的行為。天竺鼠是一種馴化較久的寵物鼠，牠已經習慣人類的氣味與干擾，因此把剛出生的小老鼠拿起來摸一摸再放回籠子，母

鼠不會覺得奇怪，一樣會照顧哺育小鼠。但楓葉鼠馴化不久，剛出生的小老鼠若被人摸了再放回去，沒多久就會發現小老鼠的頭已經被母親咬掉了。

金仕謙說，有些養在大籠子裡的楓葉鼠，會帶著小老鼠從籠子的一端，搬到另一邊；若是籠子小，牠沒有別的地方可以去，極為神經質的母楓葉鼠，就可能會把沾上人味的小鼠咬死。

他解釋，楓葉鼠馴化時間短，不習慣人的氣味，聞到人的氣味時會覺得是一種威脅，若無其他的地方可躲時，就把小鼠弄死。

獅姊獅妹　共組育兒團

幼獅剛出生時都由母獅照顧，但當小獅子到半歲，自己有活動能力時，獅群會一起照顧，像托兒所一樣，是很具社會化的育幼模式。

靈長類則會出現地位較高的母猴，去搶地位低的母猴的小猴子來養的現象。金仕謙笑說：「阿姨沒奶要當媽。」在猴群中十分常見。地位低的母猴生理本來就比較弱勢；地位高的比較強壯，到了成長育

【閱讀小祕書】

北極熊

北極熊屬於大型熊，住在北極的沿海地區，棲地跨越美國、加拿大、格陵蘭、挪威和俄羅斯。

北極熊的頸部很長，耳朵小又圓，額頭到鼻梁幾乎呈一直線，頭部小而窄。公熊重達500到600公斤，有時可達800公斤，直立時可達3.5公

幼階段沒生小猴，乾脆搶別人的來養。

　　金仕謙說，成群結隊的犬科動物則是只有首領的老婆可以生孩子，整個群體合力照顧下一代，非洲野狗就是非常典型的代表。他解釋，首領的後代夠強壯，基因好，在野外惡劣環境具有競爭能力，在有限的資源下，漸漸演變成這樣的繁衍方式。

　　媽媽跑得再遠，還是找得到自己的孩子。金仕謙說，通常是靠氣味和聲音。以企鵝為例，就是靠叫聲來找到自己的小企鵝，而雁鴨孵化後會與親鳥建立印痕或印記關係；哺乳類動物則是靠著聲音、動作、氣味來辨認。

不良品長得慢　袋鼠媽逐出袋

　　小袋鼠要在袋鼠媽媽的口袋裡待上一年才有能力獨立，袋鼠媽媽也被人類視為盡心盡力照顧下一代的動物之一，可是袋鼠媽媽也會把沒長好的小袋鼠推出袋子外，讓牠自生自滅。

　　台北市立動物園發言人金仕謙說，動物園裡看過小袋鼠被媽媽丟

尺；母熊的重量約在300到400公斤間，體型比公熊小。

　　在冬天以獵食海豹為主，也會吃小海象、魚；夏天則以小型哺乳類動物、地上築巢的鳥、蛋維生。

　　北極熊的交配期在每年的3月底到6月底，妊娠期8個月後，在12月或1月生下幼熊，通常一胎有兩隻。小熊剛出生時，只有700公克重，大小跟天竺鼠差不多，雙目緊閉，一個月大時才會開眼，1.5個月大可以步行，要4到5個月時才會斷奶，會跟母親一起狩獵到10個月大或一歲。

出來的案例，工作人員小心翼翼把小袋鼠撿起來，再偷偷放回袋鼠媽媽的口袋裡，沒幾天，袋鼠媽媽又把牠給推出來。

他說，後來的觀察研究發現，袋鼠交配後，要等到適當的季節，水草豐沛，有足夠的資源養活小袋鼠時，才會把胚胎生出來。

小袋鼠要在媽媽的口袋裡待上很長的一段時間，袋鼠媽媽會配合小袋鼠的成長步調，分泌營養成分不同的乳汁，若外在環境條件不佳，媽媽的乳汁無法跟上小袋鼠成長的步調；或是小袋鼠太小，長得太慢，袋鼠媽就會認為不適合哺育，把小袋鼠丟出來。

翻翻考古題

九十一年指考／自然

33、下列有關行為的敘述，哪些正確？

(A) 本能反應必須反覆練習才能形成
(B) 印痕反應只在動物幼年才能建立
(C) 費洛蒙釋放於空氣中，近似物種也會產生類似反應
(D) 許多本能行為的控制中心在下視丘
(E) 求偶行為具有物種專一性，會造成物種間的生殖隔離

九十二年指考／生物

59、根據卵生和胎生的優缺點加以推論，哪些情況可促進胎生的演

化？（多選）

(A) 禦敵能力弱的物種

(B) 子代的數量較多的物種

(C) 寒冷的生活環境

(D) 溫暖穩定的生活環境

(E) 雨量和溫度變化快速且難以預期的環境

32、奧國動物行為學家勞倫斯以小鵝為研究對象時，發現小鵝具有印痕行為。如果當時他用下列哪些動物做實驗，就不可能發現到像小鵝一樣的印痕行為？

(A) 帝雉

(B) 黃鼠狼

(C) 長鬃山羊

(D) 櫻花鉤吻鮭

(E) 阿里山山椒魚

必學單字大閱兵

coyote 郊狼	primates 靈長目
hyaena 土狼	ursidae 熊科動物
imprinting 印痕行為	dwarf hamster 楓葉鼠

正確答案　33題：（B、E）或（B、D、E）　59題：（C、E）　32題：（D、E）

chapter 24

47樓墜下 你離地面5.5秒

大難不死之謎

◎曾希文

　　2007年12月7日，美國紐約一名37歲洗窗工人從47樓摔到地面，不但奇蹟生還，並在治療一個月後能開口講話。根據計算，這名工人落地前的最高時速達約195公里；若以體重60公斤估算，工人落地時受地面衝擊力高達3318公斤重。

　　這名奇蹟主角叫莫雷諾，和30歲的弟弟艾德加同為窗戶清潔公司工人。兄弟倆在一棟47層高的大廈頂樓工作時，因懸掛式腳架突然斷裂，造成兩人從150公尺高空雙雙墜落，弟弟當場死亡，但莫雷諾被送往醫院救治。負責的醫生表示，「如果你相信奇蹟，這就是一個奇蹟。」之後莫雷諾恢復速度驚人，醫生也評估未來行動不成問題。

時速195 比飆車還快

　　台師大物理系教授沈青嵩說，從重力加速度的觀點，莫雷諾從高

47層約150 公尺（h）的高處摔落，若忽略空氣阻力，計算墜地剎那最高速度（V）的公式為： $V^2=v^2+2gh$

V：受重力加速度的末速、

v： 初速

g：重力加速度9.8公尺／秒^2

h：高度=150公尺

假設意外發生初速（v）為0：

$V^2=0+2×9.8×150=2940$

V=54.2公尺／秒

也就是表示，莫雷諾在墜地前所達到最高速度（末速），為每秒約54.2公尺，換算成時速為每小時195公里，比高速公路上狂飆的汽車還快。沈青嵩說，如果物體在墜落時有被施與外力，形成初速的話，末速將更快。

撞地衝擊力 3318.3公斤重

從物理上來看，莫雷諾墜樓受到地面反作用力（F）也很驚人，意即碰地剎那地面給人體的衝擊力：

$$F=\frac{\triangle P}{\triangle t}=\frac{|mv-mv|}{\triangle P}$$

△P：動量變化

△t：觸地到靜止的時間

m：墜落物體質量

因動量等於質量乘以速度，假設莫雷諾碰地剎那的時間△t為0.1秒，而他的體重是60公斤，初速v為0，算出F值為32520，但此時的單位是力單位牛頓，必須再除以重力加速度，得到3318.3，才是一般理解的公斤重。

延0.9秒　衝擊力小10倍

　　沈青嵩表示，從高樓墜地大難不死與碰地到完全靜止的時間長短（△t）有相當大的關係。時間越長，受力越小；時間越短，受力越大。如果人在碰地時，還能做些反應，例如將膝蓋多彎曲一下，或者打滾幾圈，只要將△t從0.1秒延長到1秒，地面給的反作用力就縮小10倍，減成331.83公斤。

　　這就是為何消防隊救人時，地上都會鋪上一層柔軟充氣墊，還有撐竿跳運動的軟墊，都是為了延長落地時的接觸時間，「也許莫雷諾落下處質地較為柔軟。」

接觸面越大　受壓力越小

　　另外，沈青嵩說，墜落時以頭部，或整個身體側面和地接觸，也有很大的差別，因為當接觸面積越大，人體受到的壓力也會越小。所以墜落時，如果還可以控制身體方向，千萬不要用頭或其他小點接觸，要盡量增加碰地面積。

　　莫雷諾從47樓落下，需要的時間（t）也可以推算：$h = vt + \frac{1}{2}gt^2$ 初速（v）為0，h=150，解出方程式約為5.5（秒），也就是莫雷諾從高處摔落時間。

阻力＞重力　螞蟻不怕摔

　　人從47樓墜樓倖存被稱做奇蹟，但一隻小螞蟻，就算被從101高樓丟下來，卻可能安全無恙！台師大教授黃福坤解釋，這是因為螞蟻

受到的空氣阻力影響，比牠受的重力影響大得多。

一般在空氣阻力很小情況下，不同物體，除非質量很小（如羽毛、粉筆灰等），否則落地時間大致差不多。可參考的證據是，義大利物理學家伽利略曾在比薩斜塔上安排一場實驗，把1磅重和10磅的鐵球同時向下丟，結果只聽到一聲「砰」，兩球同時到達地面。

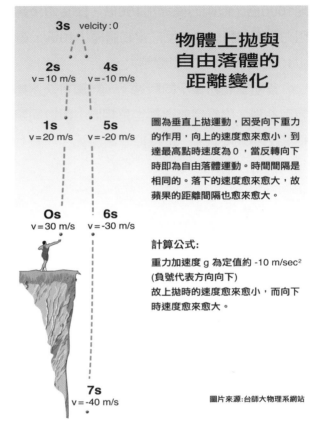

3s velcity : 0

2s
v = 10 m/s

4s
v = -10 m/s

物體上拋與
自由落體的
距離變化

1s
v = 20 m/s

5s
v = -20 m/s

圖為垂直上拋運動，因受向下重力的作用，向上的速度愈來愈小，到達最高點時速度為0，當反轉向下時即為自由落體運動。時間間隔是相同的。落下的速度愈來愈大，故蘋果的距離間隔也愈來愈大。

0s
v = 30 m/s

6s
v = -30 m/s

計算公式：

重力加速度 g 為定值約 -10 m/sec² (負號代表方向向下)
故上拋時的速度愈來愈小，而向下時速度愈來愈大。

7s
v = -40 m/s

圖片來源:台師大物理系網站

不過，為何螞蟻從很高的地方落下，不會死掉？黃福坤解釋，物體下墜除了受到重力，也受空氣阻力影響，一旦當空氣阻力大到大於重力加速度時，該物體將等速落下。

黃福坤說，空氣阻力與速度、物體截面積成正比，像高空跳傘，拉開傘包後，巨大傘面積增加空氣阻力，讓人不致快速下墜。

假設一個正立方體邊長為L，體積為L^3，面積為L^2，照物理學理論，物體掉落時所受向下重力與體積成正比，但空氣阻力與面積成正比。當物體放大十倍，體積增1000倍，面積增100倍，所受向下重力

增1000倍，但阻力僅增加100倍，即當體積越大，自由落體時受空氣阻力影響相對較小。反之當物體縮小10倍，重力減少1000倍，阻力減少100倍，相對阻力影響越大。

當粉筆和粉筆灰同時落下，粉筆會快速掉到地上，但粉筆灰隨風飄散亂飛。小螞蟻的道理也是相同，所以網路上有個笑話：一隻螞蟻從101大樓掉下來，還沒掉下來就死了，為什麼？答案：因為101太高，螞蟻被餓死了！

協調+彈性　墜貓難摔死

根據《貓為什麼有九條命？101個古靈精怪的科學問題》一書中提到，曾有兩位紐約獸醫惠特尼（W. O. Whitney）和梅哈弗（C. J. Mehlhaff），針對貓咪墜樓進行研究，共搜集132隻貓兒從高處墜地受傷個案，其中從2樓到32樓都有，數據顯示90%的貓存活了下來。

這個研究還發現一個有趣的現象，貓咪從7樓落下的受傷和死亡率最高，超過7樓之後存活率反而增加。像那隻從32樓跌下來的貓，只摔碎半顆牙齒和氣胸，在醫院待了兩天就回家。

台大動物系教授嚴震東表示，貓有良好的平衡能力，與其內耳半規管構造有關，肢體協調力也好，墜落時會在空中翻轉，以四隻腳打開著地，分散壓力。加上腳底有軟墊，得天獨厚。其他比較不怕摔落的動物，例如會滑翔的飛鼠，在半空中時身體表面會張開。

但人類的狀況就不大相同。像紐約工人莫雷諾雖然大難不死，但到院時狀況很糟，全身多處骨折，胸、腹、脊椎、腦傷勢嚴重，醫院動用9名整形外科醫生，修補他破碎的身體。只是頭部傷勢顯得相對輕微，且傷勢不致癱瘓。

「台灣跳樓，都是自殺比較多。」林口急診醫學科主任邱德發說，墜樓傷害最大致命傷在腦，因腦神經一旦斷裂，無法修補。如果落下時兩隻腳先碰地，從腳踝、骨盆、腰胸都可能被壓碎骨折。邱德發在急診室裡處理過十多件大小墜樓病患，經手過最「奇蹟」的個案，是一名2歲小孩，從6樓意外摔下，但僅表皮擦傷，經過觀察後無大礙，後來才發現這個小孩是先掉落在採光罩棚上，所以撿回一命。

大難不死之謎

落地前 衝擊力被吸收

想從物理學推敲為何莫雷諾能如此命大，另一個猜測和解釋是，莫雷諾的太太羅莎莉歐在意外發生後，曾向媒體表示，莫雷諾在鷹架倒塌時，可能有緊抓住鷹架腳踏板。

台大物理系教授傅昭銘說，從計算衝擊力F的公式，可以了解墜地的衝擊力與$\triangle t$（碰地到完全靜止的時間）成反比。如果落地時地上有海綿或彈簧墊等，那麼物體在摔落時瞬間，壓到緩衝軟墊，凹下去到恢復形變的時間很長，力量被吸收，將降低受傷可能性。

傅昭銘曾經做過一個實驗，將皮球直直丟向珍珠板，珍珠板很容易破裂；但如果在珍珠板後面黏上一坨麵團，再丟球，結果會大不相同。另外，像中國武術的推手，講求化解正衝，當別人正拳打來時，予以偏避產生分力，有技巧的撥一下，衝擊力變小，也是相關應用。

並且衝擊力（F）與物體質量、速度變化成正比。例如跆拳道擊破磚、木板等，正是全心集中力量，利用瞬間速度的改變，帶來衝擊力，將木板劈成兩半。

根據牛頓第三定律，兩質點間的作用力和反作用力，大小相等、

方向相反、且作用在同一直線上，傅昭銘說，所以一位相撲選手和一名小孩互推，在作用力與反作用力相等的情況下，體重較輕的孩子被彈開的速度一定比較快。

翻翻考古題

九十七年學測／自然

9.高處工地不慎掉落物件，施工人員以擴音器大聲通知下方人員閃躲。若不考慮空氣阻力，則下列敘述哪一項正確？

(A) 音調越高，聲音傳播速率越大。

(B) 音量越大，聲音傳播速率越大。

(C) 聲音傳播速率與音調及音量均無關。

(D) 物體自100層（每層高3.3公尺）樓處，由靜止自由落下，到達地面時的速率已快過聲速。

必學單字大閱兵

Free Fall 遊樂園的「自由落體」器材
acceleration 加速度
gravity 重力

impulse 衝擊力
parachuter 傘兵、跳傘人

正確答案 9題：（C）

chapter 25

環保車

這車神氣　免燃料無污染

◎楊正敏

壓縮空氣引擎

資料來源／
MDI網站

2008年夏天，印度將生產一種小車，神奇的是，這輛車不用靠汽油，靠空氣就能動，既乾淨，又環保。

壓縮空氣引擎技術已經發展多年，只是一直到最近因全球油價狂漲，才有業者將之商品化，並準備大量生產。

19世紀法國科幻小說家Jules Verne就曾描寫過以空氣為動力的汽車，奔馳在20世紀巴黎的街道上。2002年10月巴黎國際汽車展上，果然出現了用壓縮空氣推動引擎的小型汽車，稱為City Cat。今年初，印度最大車廠「塔塔汽車」決定投資生產壓縮空氣汽車。

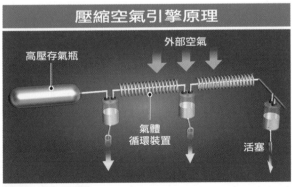

壓縮空氣引擎原理

高壓存氣瓶

外部空氣

氣體
循環裝置

活塞

資料來源／網路、MDI網站

壓縮空氣 釋放產生動力

壓縮空氣引擎是由法國設計師蓋‧尼可拉 （Guy Negre）研發設計的，只聽到「唭」的一聲，車子就發動了，從排煙管裡排出的不是廢氣，而是一般的空氣。

台北科技大學車輛工程系副教授吳浴沂說，壓縮空氣車的原理很簡單，現在汽車引擎產生動力的原理是靠著空氣的壓縮與燃燒後的膨脹推動活塞；空氣引擎則是在汽車外先把空氣壓縮，再放到車裡，因為釋放空氣時會膨脹產生壓力，利用壓力推動汽缸裡的活塞做功，不需要燃燒，就不會排放有害的氣體，不會造成污染。

他指出，壓縮空氣的技術非常簡單，空氣用完了，就到加氣站加氣，或在家中利用壓縮機充氣就行了。

車子配備 夠硬才不怕爆

吳浴沂說，壓縮空氣壓力很大，因此車裡配備的儲存裝置強度要夠，必須是金屬或是碳纖維材質，材料安全係數要高，才不會造成爆炸。他說，一般內燃機會有熱傳、廢熱等損失，車子高速行駛時效率高，但怠速時效率就低，熱損可達三分之一。壓縮空氣車因為先把空氣壓縮好了，就不會有這些損耗。

根據開發壓縮空氣車MDI公司的資料，儲存空氣的是玻璃纖維，發生車禍或意外時，氣瓶會沿直線裂開，排出空氣，無爆炸之虞。充滿氣後以時速50公里可以行駛300公里，若時速100公里，則只能走100公里。

這麼簡單、無污染，只要空氣就能開動的汽車，在油價節節高升的現在，真是個完美、環保又經濟的交通運輸工具，但這不代表壓縮

空氣車沒有缺點。 吳浴沂說，根據國外的測試數據來看，氣瓶中裝300大氣壓的壓縮空氣300公升，可以行駛的距離相當於一般汽車7公升汽油可以走的距離，若以1公升走10公里來算，大概就是70公里。

速度漸慢 適合短程行駛

他指出，壓縮空氣車在充滿氣的狀況下，可能很有力，但隨著氣體排出，速度漸漸就會慢下來。壓縮空氣車速度有限，高速的話開不遠，所以較適合作為都會區裡的通勤車。尤其都會區裡需要減低排放廢氣，使用壓縮空氣車作為短程運輸工具，是環保經濟的選擇。

但壓縮空氣車若要增加速度和行駛距離，就要更大的空氣儲存裝置，很占空間，車子也會變重、不夠力，所以也只適合小車使用，從這些條件看，台灣很適合發展壓縮空氣車。

不過台灣大學機械系教授鄭榮和提醒，壓縮空氣其實是另一種能量的轉換，壓縮空氣需要很大的能量，需要利用到其他的能源才能發電，到最後還是得燃煤、燃油來產生壓縮空氣的電力，因此還是要從源頭尋找更進步的替代能源。

汽車環保風

電動車、均質壓燃 抗油價

不只壓縮空氣車即將問世，國外在電動車的開發上其實也已經有進展。

Tesla Roadster公司生產的電動跑車，去年已經上路，今年夏天進入量產，它的核心電動馬達更是台灣廠商製造。它的動力來源是一組

永續零汙染的世界

風力、太陽能發電
電解水產氫

鋰電池車
充電或更換電池

資料來源／
台灣大學機械系先進動力研究中心　　　燃料電池機車進站加氫

鋰電池，充電3個半鐘頭，可續航400公里。

　　手機電池爆炸事件頻傳，因此同樣使用鋰電池的Tesla Roadster，特別加強了電動跑車的安全性，只是這台英國蓮花車廠代工組裝的環保跑車，要價至少300萬台幣。

　　在油價高漲，節能的時代，在還沒有經濟有效率的替代能源出現前，傳統汽油引擎也力求進步，以符合省油、低污染的目標。

　　台北科技大學車輛工程系副教授吳浴沂指出，目前已經量產的油電動力複合車，在車子啓動、低速時以電驅動，車子到一定速度，或需要大馬力時再換成汽油引擎，在運行中也可以充電。

　　他說，汽油引擎關鍵之處在燃燒，在1997年時就已經上市的汽缸內直接噴射（GDI）引擎，噴油系統直接噴到汽缸裡，提高效率，改善馬力及油耗，2000年以後已經成為汽油引擎主流。

　　吳浴沂說，現在還有一種均質壓燃方式（HCCI）引擎，像是汽

油和柴油引擎的混合體。普通汽油引擎是點燃汽油和空氣的混合氣，就是混合好再燒；柴油引擎是擴散燃燒，邊燒邊找空氣。

HCCI引擎會先把空氣和燃油混合好、注入汽缸，再點燃混合氣，省油又能減少廢氣。吳浴沂說，國外的研究推測2012年後HCCI引擎，可能會成為汽車引擎的主流。

明日之星

尋找新能源 氫氣更顯魅力

石油枯竭，開發新能源已經刻不容緩。尤其是交通工具，如何降低對汽油的依賴、引進其他動力，更是現在的熱門研究課題。

全部由學生組成的台灣大學先進動力研究中心，已經建構先進動力的遠景。負責領導先進動力研究中心團隊的碩士班學生林松慶說，目前的構想是有一個充電站或是加氫站，利用太陽能和風力產電和產氫，並儲存在加氫或充電站中。使用燃料電池的汽、機車或是電動汽機車，可以在這裡加氫和充電。

林松慶說，這個遠景其實就是把大自然的風力和太陽能等能源，轉換成汽、機車動力的過程，說來簡單，但還有許多關鍵要突破。

他說，研究汽、機車替代能源的關鍵在於，是否能滿足現在大家對汽油引擎車的依賴，也就是說使用新能源為動力的交通工具，也要能有如汽油引擎一樣的表現，不能比現在退步。例如現在的電動機車，速度比不上一般的機車，只能算比較快的代步車，先進動力研究中心就是想開發出與現在的125西西機車性能差不多的新能源機車。

林松慶說，儘管馬達等電動動力系統的轉換效率高於引擎五倍以上，然而其最大的問題仍在於電池儲存的能量密度過低，只有汽油的

八十分之一。以現在的技術，單用電池的電動車輛，其里程表現和汽油引擎車輛比較依然相差甚大。

　　台北科技大學車輛工程系副教授吳浴沂說，要讓電動車有汽油引擎車般的表現，要帶很重的電池，這又讓車負擔更重，要消耗更多的能量，因此一般認為燃料電池會是明日之星，尤其是氫氣燃料電池。

　　吳浴沂說，氫氣的來源就是電解水，雖然還是要消耗能量，但貯存和運送成本都低，目前也有科學家研發用生物產氫，就能再減少能量的消耗。

　　台大機械系教授鄭榮和說，替代能源的研究目前是百家爭鳴，到底哪一種能脫穎而出，就要時間來證明了。

翻翻考古題

24.氫氧燃料電池是太空飛行的重要能量來源，圖3的燃料電池是以氫與氧為反應物，氫氣在鎳（Ni）極與OH⁻反應，氧氣在氧化鎳（NiO）極與水反應，反應的淨產物是水，氫氧化鉀水溶液為電解液。根據化學電池的原理，下列有關此電池的敘述，何者正確？

（A）氧氣是被H_2O還原，氫氣是被OH⁻

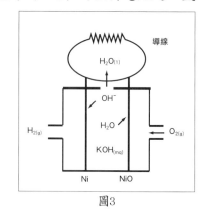

圖3

氧化

(B) 氧氣在陽極被還原，氫氣在陰極被氧化

(C) 電子在外電路的導線中，從氧化鎳極向鎳極移動

(D) 電池放電時，氫氧化鉀水溶液中的pH值會逐漸下降

4.圖1是碳鋅乾電池的剖面圖。當這種乾電池放電時，下列哪一種物質獲得電子？

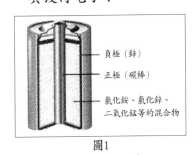

負極（鋅）
正極（碳棒）
氯化銨、氯化鋅、
二氧化錳等的混合物

圖1

(A) 鋅

(B) 碳棒

(C) 氯化銨

(D) 氯化鋅

(E) 二氧化錳

26

必學單字大閱兵

compress 壓縮
internal combustion engines 內燃機
battery electric vehicle 電池動力車
jet engine 噴射引擎
fuel cell 燃料電池
wind power 風力發電

wind turbine 風力發電機
hybrid car 複合動力車
electric motor 電動馬達
electric vehicle 電動車
lithium battery 鋰電池

正確答案　24題：（D）　4題：（C、E）

chapter 26

聚焦藍光 一統光碟江山

DVD規格戰

◎郭錦萍、楊正敏

藍光大戰 **HD**

雙層光碟

● 1.1mm　合成樹脂　● 0.6mm
溝槽記錄
錄製層
空間層　　連接層
錄製層
● 保護膜　● 合成樹脂
● 硬保護層（抗摩擦性更佳）

雙層光碟

雷射光束

雷射光束

路透

人類的影音歷史，繼幾年前的錄影帶規格戰後，前不久走到另一個分水嶺。纏鬥多年的藍光DVD和高解析（HD）DVD，因為美國電影業的選邊支持，勝負在前不久揭曉，日本東芝宣布不再生產HD放映機。

工研院電光所組長鄭尊仁表示，根據雷利方程式（Rayleigh Equation），雷射光點大小與光源波長呈正比，與物鏡數值孔徑呈反應。要在相同體積光碟上儲存更多資料，常用三種寫入模式：1.縮小雷射光點以縮短軌距增加容量。2.利用不同反射率達到多層寫入效果；3.以溝軌並寫方式，增加記錄空間。

藍光的高儲存量是從改進雷射光源波長與物鏡數值孔鏡而來。

DVD和藍光到底有啥關係？

要了解這個問題，要先從光碟機讀取資料的原理談起。

當啟動讀取按鍵後，播放器會將光碟升至讀取位置後，光碟片開始高速旋轉，接著雷射讀取頭會直線來回移動讀取資料。

讀取原理 雷射光反射

光碟片在鋁反射層上密布凹陷訊坑（Pit），它們排列的方式與黑膠唱片很像，都是採單一軌道、螺旋狀環繞圓心。讀取時，光碟機的雷射讀取頭會發射雷射光到鋁反射層，並從反射之光線判斷資料。

大家都知道，數位資料是以0及1組合，光碟讀取頭發出的雷射光，如果是經過訊坑，在鋁反射層的光線會和到達訊坑底部的反射光線抵消，因此讀取頭就接收不到任何反射光線，便會判定此處儲存的資料為「1」。反之，如果雷射光聚焦位置沒有訊坑，雷射光在鋁反射層就會反射，這時光碟機就會判斷此處的資料為「0」。

如果要在同面積光碟片中增加儲存量，最

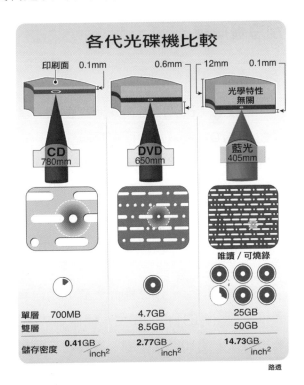

各代光碟機比較

印刷面　0.1mm　　0.6mm　12mm　0.1mm

光學特性無關

CD 780mm

DVD 650mm

藍光 405mm

唯讀 / 可燒錄

	單層	雙層	儲存密度
CD	700MB		0.41GB/inch²
DVD	4.7GB	8.5GB	2.77GB/inch²
藍光	25GB	50GB	14.73GB/inch²

路透

簡單的作法就是讓訊坑的排列更為緊密。但這要先做到讀取頭的雷射更為聚焦，才能讓反射光不會被鄰近訊坑影響。

波長短聚焦準 存更多

藍光雷射就是以前DVD的紅光雷射，因波長更短，所以聚焦更精準，使得訊坑密度得以大為提升，讓同樣面積的單張光碟儲存容量可以一下子提升數倍。

現在DVD的防盜版機制幾乎都已被破解，所以國際電影大廠在這場DVD大戰，決定支持藍光是因為它提出了新的加密技術。

別急著掏錢

全面普及 再等5年吧！

拓墣產業研究所所長陳清文表示，雖然高畫質（HD）DVD敗給了藍光DVD，但其實兩種東西的基本規格是一樣的，而且DVD畢竟是家庭用的消費性產品，和手機等個人用的電子產品，性質不一樣，價格不會每半年就降一次價，所以要普及可能至少是5年後的事。

當初藍光與HD的出現，主要是因應高畫質影音（1080p）的需求。但因兩種規模不相容，兩邊為了市場主導權爭鬥了5年。但就算現在藍光勝出，想要一統江山，也不是短時間就可達成。

陳清文指出，雖然藍光光碟上市已有一段時間，2007年全球出產筆電有配備的有800萬台，但這個數字比起全球一年賣出一億兩千萬台筆電，連10%都不到。就算現在藍光打敗了HD，因周邊產品還太少，加上播放器一台要上萬元，和現在只要2、3千元的DVD放映機

比，還是貴了許多。

　　省錢派認為，越來越多人從網路下載影音資料，幹嘛還要花錢買這些設備？陳清文說，現在網路下載固然方便，但品質都不理想，最大的問題是出在頻寬。

　　他說以現在固網業者提供到家戶的頻寬100M為例，理論上是可以達到1080p的高畫質，但業者的網路骨幹和伺服器其實都難以供太多人同時使用，這也是家用影音產品仍難被取代的道理。

　　陳清文也提醒，雖然業者已宣布不再生產HD機器，但零件供應還會維持，所以消費者不必急著把家裡現有的DVD換成藍光機，因為市面上可用在藍光機的影片或遊戲其實數量還有限；這種情形就像以前DVD剛推出時一樣，機器很貴，但可看的片子太少，除非是影音發燒友，一般人只要知道這些東西是怎麼個原理就好，不必急著購買。

　　1080p是美國電影電視工程師協會制定的，解析度最高等級的格式標準，縱向1920×橫向1080掃描行數、達207.36萬畫素。但這麼高的掃描品質，一般電視是無法顯示的，在一、兩年前都還要有60吋的螢幕才能達到要求。

更新不停歇

台灣研究團隊　用奈米拚100GB

　　工研院電光所組長鄭尊仁說，除精密度高，藍光光碟讀取頭也有許多機關。由於藍光光碟精密度要求更高，碟機讀到塗布不均的碟片，或是碟片本身就有翹曲、變形等現象，都將導致雷射光束無法正常聚焦，因此須加入傾斜角控制，不但讓讀取頭機構更為複雜，與伺服晶片（Servo）合作也相當重要，才能搭配出實用的產品。

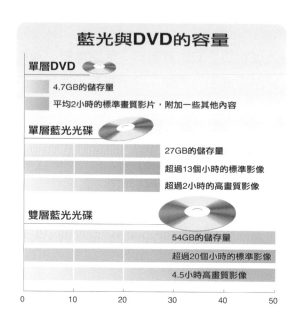

未來的儲存技術，除了磁儲存、磁光儲存、電儲存外，光碟因為便宜、攜帶方便、大家已經習慣使用等優點，仍會在儲存市場中占有一席之地。

近年來全像記錄被認為是資訊儲存的重要發展技術，全像光碟片是具有一定厚度的光學記錄介質，記錄的是一束參考光與帶有一整頁訊號的光束所形成的干涉條紋。容量比起傳統的光碟片，多了一個維度的儲存容量。就開發速度來看，全像記錄似乎領先其他技術。

另外，近場記錄的技術研發也相當受注目。傳統的光儲存技術在存取上受到「光學繞射」極限的限制，成長有限；但近場光學技術不受繞射極限，可獲得超高解析度，故能利用在高密度光資訊存取上。

日本已有學者利用奈米級的光學薄膜，控制寫入記錄點的大小，達到超過密度近場光學記錄的效果，稱為超高解析近場結構。

這種記錄方法，不但簡化所需的設備，也讓目前的DVD光碟機就可以有高超效果，被視為是近來光學資訊儲存的一大突破，也是應用奈米科學和技術的進步。

國內相關的研究也跟得很緊，台大和台師大的研究團隊2007年發表研究成果，利用奈米技術開發的近場光碟，一片可儲存100GB的資料。

Q：為什麼叫藍光？

A：之所以會稱為藍光雷射，主要是因為可見光的波長約在380~780nm之間，波長最長的紅色光約700nm，最短的紫色光則為400nm；而CD所使用的雷射光波長為780nm，DVD為650nm，Blu-ray與HD DVD則是405nm，所以CD與DVD所使用的雷射光呈現紅色，而Blu-ray與HD DVD則為紫色，因為紫色與藍色差距不大，而且業者認為「藍光雷射光碟」的稱呼比較順口，因此便取藍去紫，由藍光一統新世代光碟技術。

2004年Sony和Pioneer領軍，成立藍光光碟聯盟，但那時「Blu-rayDisc」已經變成技術通用名稱，所以兩家業者把blue中的「e」去掉，取名為Blu-ray。後來多家國際硬體及美國八大影業陸續表態支持，讓這個變體字成了藍光的正式名稱。

26

翻翻考古題

九十五年指考／物理

9.如圖8所示，在折射率為
　ns＝$\sqrt{2}$ 的基板上鍍有折
　射率為nf＝1.5薄膜，雷
　射光從薄膜左側空氣中以
　入射角入射薄膜。若光線

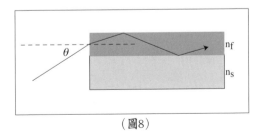

（圖8）

在薄膜中皆能以全反射方式傳播，則其入射角的最大範圍爲下列何者？（空氣的折射率設爲1）

(A) $0<\theta\dfrac{6}{\pi}$

(B) $0<\theta\dfrac{7}{\pi}$

(C) $0<\theta\dfrac{8}{\pi}$

(D) $0<\theta\dfrac{3}{\pi}$

(E) $0<\theta\dfrac{4}{\pi}$

必學單字大閱兵

1. visible light 可見光
2. CD-ROM drive 光碟機
3. dots per inch 解析度
4. pixel 畫素或像素 （由圖像picture和元素element的縮寫組成）

正確答案　9題：（A）

國家圖書館預行編目資料

新聞中的科學4：指考完全滿分／聯合報教育
版策劃撰文. -- 初版. -- 臺北市：寶瓶文化，
2009.03
　　面；　公分. --（catcher；26）
ISBN 978-986-6745-61-4（平裝）

1. 科學　2. 通俗作品
307　　　　　　　　　　98001858

catcher 026

新聞中的科學4——指考完全滿分

策劃撰文／聯合報教育版

發行人／張寶琴
社長兼總編輯／朱亞君
主編／張純玲‧簡伊玲
編輯／施怡年
美術主編／林慧雯
校對／張純玲‧陳佩伶‧余素維‧聯合報教育版
企劃副理／蘇靜玲
業務經理／盧金城
財務主任／歐素琪　業務助理／林裕翔
出版者／寶瓶文化事業有限公司
地址／台北市110信義區基隆路一段180號8樓
電話／(02) 27494988　傳真／(02) 27495072
郵政劃撥／19446403　寶瓶文化事業有限公司
印刷廠／世和印製企業有限公司
總經銷／大和書報圖書股份有限公司　電話／(02) 89902588
地址／台北縣五股工業區五工五路2號　傳真／(02) 22997900
E-mail／aquarius@udngroup.com
版權所有‧翻印必究
法律顧問／理律法律事務所陳長文律師、蔣大中律師
如有破損或裝訂錯誤，請寄回本公司更換
著作完成日期／二〇〇八年二月
初版一刷日期／二〇〇九年三月五日
初版十一刷日期／二〇一一年八月十七日
ISBN／978-986-6745-61-4
定價／三三〇元